高等职业教育“十四五”规划教材

国家“双高计划”建设成果系列教材

乡村振兴人才培养系列教材

牧场生产生物安全

刘　莉　王连增　周守长　主编

U0951525

中国农业大学出版社
·北京·

内 容 简 介

牧场生产"防胜于治"的疫病防制思想已受到业界广泛认可，兽医教育正在发生变化，将生物安全概念和规程作为新技术引入兽医教育中，将生物安全作为一门课程来学习，使学生对生物安全的认识更加系统化。为了让动物医学专业的学生在生物安全知识方面得到系统学习，建议在教学中增设生物安全规程相关课程。随着产业的发展，生物安全越来越得到重视。

本教材既可作为职业院校动物医学、畜牧兽医、动物防疫与检疫专业的教材，又可作为企业技术人员的培训教材，还可作为广大畜牧兽医工作者短期培训、技术服务和继续学习的参考用书。

图书在版编目(CIP)数据

牧场生产生物安全 / 刘莉，王连增，周守长主编. --北京：中国农业大学出版社，2024.6.

ISBN 978-7-5655-3244-3

Ⅰ. S812.95

中国国家版本馆 CIP 数据核字第 2024UK2633 号

书　　名　牧场生产生物安全

作　　者　刘　莉　王连增　周守长　主编

策划编辑　康昊婷　　**责任编辑**　康昊婷

封面设计　郑　川　李尘工作室

出版发行　中国农业大学出版社

社　　址　北京市海淀区圆明园西路 2 号　　**邮政编码**　100193

电　　话　发行部 010-62733489，1190　　读者服务部 010-62732336

编辑部 010-62732617，2618　　出　版　部 010-62733440

网　　址　http://www.caupress.cn　　**E-mail**　cbsszs@cau.edu.cn

经　　销　新华书店

印　　刷　河北朗祥印刷有限公司

版　　次　2024 年 7 月第 1 版　　2024 年 7 月第 1 次印刷

规　　格　185 mm×260 mm　　16 开本　　9.5 印张　　237 千字

定　　价　35.00 元

图书如有质量问题本社发行部负责调换

编审人员

主　编　刘　莉　王连增　周守长

副主编　胡顺林　薛晓阳　张　玲　郝福星

参　编　（按姓氏笔画排名）

王会峰（华裕农业科技有限公司）
王诺晗（江苏省泰兴市根思乡畜牧兽医站）
王雪芬（华裕农业科技有限公司）
邓正义（华裕农业科技有限公司）
卢　婷（邯郸科技职业学院）
闫文亮（华裕农业科技有限公司）
关伟伟（江苏省如皋市畜牧兽医站）
许金朋（河北工程大学）
孙　洁（深圳海关动植物检验检疫技术中心）
李焕霞（涉县华裕家禽育种有限公司）
孟　斌（江西华裕家禽育种有限公司）
赵丽杰（重庆华裕耀新农业科技有限公司）
赵爱华（江苏农牧科技职业学院）
胡永林（涉县华裕家禽育种有限公司）
俞小波（江苏省如东县畜牧总站）
袁华根（江苏农牧科技职业学院）
黄玉政（江苏省寄生虫病防治研究所）
崔国林（河北工程大学）
谢永刚（华裕农业科技有限公司）

主　审　贾　红（中国农业科学院北京畜牧兽医研究所）
王志强（扬州大学）

前　言

随着全球化进程的不断加快、生物技术的不断进步、养殖业规模化饲养的不断推进以及人们生活方式的不断改变，生物安全问题呈现发展复杂化、影响国际化和危害极端化等特点，生物安全形势从温和可控状态转向相对严峻。2001年“炭疽事件”、2003年SARS疫情、2009年全球甲型H1N1流感大流行、2012年中东呼吸综合征疫情、2014年西非埃博拉疫情、2018年尼帕疫情、2020年全球新冠病毒疫情以及近年来陆续暴发的高致病性禽流感、非洲猪瘟等动物传染病疫情使全球生物安全问题凸显。生物安全已受到各国高度关注，很多国家已经把生物安全纳入国家战略。2020年10月17日，第十三届全国人民代表大会常务委员会第二十二次会议通过《中华人民共和国生物安全法》，正式明确地将生物安全列为国家安全的重要组成部分。作为国家生物安全体系重要组成部分的牧场生产生物安全，不仅关系到动物疫病、人畜共患病防控的整体技术水平，还关系到国家的公共卫生安全保障能力。做好牧场生产生物安全离不开高素质技术技能型人才的培养。教材是培根铸魂、启智增慧的重要载体，是人才培养的重要支撑。本教材的开发及应用旨在为人才培养提供有力支撑，推动我国畜牧业健康和可持续发展。

本教材主要内容有下面几个部分。一是明确牧场生产生物安全的必要性及现状，包括生物安全重要性、生物安全定义、传染病的三要素、传染病的危害、传染病的控制策略。二是牧场结构性生物安全建设，包括科学选址和养殖场设计。三是牧场主要投入品管控，包括引种安全、空舍安全、饲料安全及饮水安全。四是牧场作业性生物安全，包括人流管控、物流管控、车流管控、生物流管控、空气流管控、废弃物无害化处理、养殖场生物安全追溯体系的建立。五是生物安全技术，包括卫生、隔离、消毒、免疫、监测及用药技术。六是养殖场发病应急处置，包括疑似发病判断依据、发病报告流程、鸡群发病后采取措施、实验室诊断及常见疾病检测部位及其他等。

教材在编写过程中得到编写人员所在学校及企业的大力支持，在此一并表示感谢。由于编者水平所限，书中错误和不妥之处在所难免，敬请同行、专家批评指正。

编　者

2024 年 3 月

目　录

第一章 概述

一、生物安全重要性

生物安全是一门实践性很强的学科，既包括科学的方法，也包括有效的实践。本书旨在为牧场提供一套行之有效的生物安全操作规程，为畜禽养殖业的健康发展保驾护航。

2020年10月17日，第十三届全国人民代表大会常务委员会第二十二次会议通过了《中华人民共和国生物安全法》（以下简称《生物安全法》），这部法律自2021年4月15日生效。《生物安全法》共十章八十八条，聚焦生物安全领域主要风险点管控，着力提高国家生物安全治理能力。《生物安全法》明确了生物安全的重要地位和原则，强调生物安全是国家安全的重要组成部分，生物安全应当纳入总体国家安全观，统筹发展和有效运行，坚持以人为本、风险预防、分类管理、协同配合的原则。

《生物安全法》明确坚持中国共产党对国家生物安全工作的领导，规定了中央国家安全领导机构、国家生物安全工作协调机制及其成员单位、协调机制办公室和国务院其他有关部门的职责；要求省、自治区、直辖市建立生物安全工作协调机制，明确地方各级人民政府及其有关部门的职责。生物安全法完善了生物安全风险防控基本制度，规定建立生物安全风险监测预警制度、风险调查评估制度、信息共享制度、信息发布制度、名录和清单制度、标准制度、生物安全审查制度、应急制度、调查溯源制度、国家准入制度和境外重大生物安全事件应对制度等十一项基本制度，全链条构建生物安全风险防控的“四梁八柱”。

《中华人民共和国动物防疫法》（以下简称《动物防疫法》）第二十一条规定国家支持地方建立无规定动物疫病区，鼓励动物饲养场建设无规定动物疫病生物安全隔离区。对符合国务院农业农村主管部门规定标准的无规定动物疫病区和无规定动物疫病生物安全隔离区，国务院农业农村主管部门验收合格予以公布，并对其维持情况进行监督检查。省、自治区、直辖市人民政府制定并组织实施本行政区域的无规定动物疫病区建设方案。国务院农业农村主管部门指导跨省、自治区、直辖市无规定动物疫病区建设。在生猪养殖无非洲猪瘟疫病小区、家禽养殖无高致病性禽流感、新城疫小区建设中，对生物安全建设落实有良好督促作用。

除《动物防疫法》外，《动物防疫条件审查办法》对生物安全体系的建设也有一定的指导意义。除此以外，还有一些与生物安全相关的法律法规，详见表1-1。

表 1-1　与生物安全相关的法律法规

相关法律法规	法律法规文号
病原微生物实验室生物安全管理条例	国务院令第 424 号
病原微生物实验室生物安全环境管理办法	国家环境保护总局令第 32 号
高致病性动物病原微生物实验室生物安全管理审批办法	农业部令第 52 号
人间传染的高致病性病原微生物实验室和实验活动生物安全审批管理办法	卫生部令第 50 号
农业转基因生物安全管理条例	国务院令第 304 号
农业转基因生物安全评价管理办法	农业农村部令 2022 年第 2 号修订

二、生物安全定义

广义的生物安全是指为了保证生物的安全而采取的所有健康管理措施，包括消毒、卫生、免疫、监测、隔离、治疗等 6 项措施。狭义的生物安全是指在养殖生产过程中，通过对人流、物流、车流、生物流、空气流的和谐运作，使生产过程中潜在的各种不可接受的疾病风险始终处于有效控制状态，保护动物免受疾病的威胁。

实践证明，良好的生物安全体系可以切断病原传入牧场的大多数途径，是最经济有效的疫病防控措施。

三、传染病的三要素

传染性疾病的传播和流行，需要同时具备 3 个要素，即传染源，传播途径，易感动物。

1. 传染源

传染源是指病原体已在体内生长、繁殖并能散播病原体的人和动物。病原体在传染源的呼吸道、消化道、血液或其他组织中能生存和繁殖，并通过其排泄物、分泌物将病原体排出。

2. 传播途径

传播途径主要有日常生活接触传播和通过空气、飞沫传播。此外，还有些传染病可以经水和食物通过消化道传播；经蚊虫等叮咬，即虫媒传播；以及血液和体液等途径传播。

3. 易感动物

易感动物是指对某种传染病缺乏特异性免疫力的动物群体。

四、传染病的危害

1. 非洲猪瘟（ASF）

非洲猪瘟自 1921 年在非洲肯尼亚首次发现至今已有近百年历史。该病传播性极强，已传播至欧洲、南美洲、亚洲等全球大部分地区。该病一旦发生，如不能及早扑灭，易迅速扩大，不仅给养殖场带来巨大的经济损失，甚至会给本地区、本国养猪产业造成毁灭性打击。

2007 年，ASF 在格鲁吉亚暴发，而后传入欧洲国家，对欧洲养猪业造成严重威胁。在波兰和俄罗斯等东欧国家，非洲猪瘟疫情和受影响地区的数量每年都在增长。

2018 年，ASF 在西欧暴发，在比利时发现几百头受感染的野猪。ASF 生态复杂，可在家猪、野猪和软蜱之间循环，除了在非洲和欧洲流行之外，还曾在美洲的巴西和海地等国暴发流行。

2018 年 8 月 3 日，ASF 在中国辽宁省的沈阳市首次暴发，随后蒙古、朝鲜、韩国、越南、柬埔寨、老挝、缅甸、菲律宾以及印度尼西亚等周边国家也相继暴发疫情，严重影响生猪养殖业的发展。

2. 禽流感

世界动物卫生组织通报的数据显示，2019 年 1 月至 10 月，曾暴发或正在暴发疫情的国家和地区有 26 个，其中欧洲 13 个、亚洲 10 个、非洲 3 个，亚洲的疫情尤为严重。

2022 年 4 月 16 日，日本农林水产省宣布，北海道两家禽类养殖场出现高致病性禽流感疫情，当地决定扑杀超过 50 万只鸡和数百只鸸鹋。2022 年 11 月 27 日，日本西南部鹿儿岛县出水市一家蛋鸡养殖场确认暴发禽流感，随即开始扑杀总计 47 万只鸡。日本农林水产省的数据显示，本次禽流感流行季（通常为当年秋冬至次年春）扑杀禽类数量已远超上一个流行季。当地时间 2023 年 1 月 9 日，据日本广播协会报道，日本茨城县一家养鸡场确认发生高致病性禽流感疫情。从 2022 年 10 月下旬到 2023 年 1 月 9 日，本次禽流感流行季期间，日本 23 个一级行政区的养鸡场等设施报告禽流感疫情 56 起，扑杀处理禽类总数约 998 万只，感染规模和扑杀处理数量均超过了此前在 2020 年 11 月至 2021 年 3 月间的最高纪录。当地时间 2023 年 2 月 3 日，日本最大的鸡蛋产地茨城县再次暴发养鸡场禽流感，大量蛋鸡被扑杀，给日本国内的鸡蛋供应带来威胁。

3. 小反刍兽疫（PPR）

小反刍兽疫自 1942 年首次在西非科特迪瓦发现后，疫情一直呈扩散蔓延趋势，对全球养羊业造成巨大威胁。2013 年以来，全球共有 26 个非洲国家、16 个亚洲国家以及地处欧亚交界的土耳其等 43 个国家报告发生小反刍兽疫。

我国周边许多国家疫情呈大规模暴发或地方性流行，对我国动物卫生安全构成了严重威胁。2013 年我国首先在新疆霍城暴发小反刍兽疫，2014 年蔓延至湖南、甘肃、辽宁、宁夏、内蒙古多个地区，其中内蒙古最为严重，发病数达 1 063 只，死亡 431 只，扑杀和无害化处理发病羊及同群羊 5 090 只，造成严重经济损失。2018 年疫情再次在湖南、黑龙江、江苏、辽宁、青海多个地区流行，2019 年后疫情主要集中在新疆、青海、西藏。总体来看，国内小反刍兽疫疫情主要集中在养羊业发达的西北和东北地区，包括新疆、内蒙古、甘肃、江苏、湖南、青海、辽宁、宁夏、西藏、黑龙江、安徽等省（区），对这些省（区）和地区的养羊业造成极大影响。

实践证明，重大疫病的发生会对发生地养殖业产生较大影响，同时疫病暴发造成的封关会产生更严重的危机，而解决疫病传播最有效的措施就是生物安全手段。

五、 传染病的控制策略

在生物安全体系策划中，要针对传染病流行三大要素采取相应措施，即“消灭传染源，切断传播途径，保护易感动物”。理论上讲，以上三个环节中，能彻底切断其中一个环节，即可阻止疾病的传播，在实际操作中，应对以上三个环节同时采取措施，并可根据实际情况侧重加强某一环节的安全措施。

1.控制传染源

采取措施防止病原微生物的扩散。

(1)加强疫点控制　根据国家相关法规对发生疫病的场所及周边地区实施相应的封锁、隔离、扑杀、消毒等措施,以防止病原扩散。

(2)隔离患病动物　及时将患病动物从群体中隔离出来,放至规定的隔离区进行观察治疗。同时限制患病动物及其产品的贸易、流动,以防止病原扩散。

(3)合理处置病死动物尸体　病畜尸体中可能含有病原体,正确处理动物尸体,是控制传染源的重要措施。

2.切断传播途径

切断传播途径是根据不同的传播方式,采取不同的措施,以隔离病原微生物与动物群来达到目的。切断传播途径在实际生产中对动物群的健康尤为重要,通过对人流、物流、车流、生物流、空气流的切断,能够有效阻止病原微生物的水平传播。

3.提高易感动物抵抗力

为了提高动物的机体抵抗力,应尽可能为动物群提供一个舒适的环境,确保合适的饲养密度、温度、湿度和卫生清洁。同时在必要的前提下开展动物免疫与保健措施,增强动物免疫力和动物对特定病原的抵抗能力。

第二章
结构性生物安全

一、科学选址

养殖场的选址是养殖场建设的第一步，也是非常关键的环节，因为涉及硬件和设施的建设，一旦落地，进行改造和调整的余地会很小，所以在选址时要非常慎重。养殖场的选址要注意以下几个方面：

1. 土地符合国家相关法律法规的要求

对于养殖用地，《中华人民共和国土地管理法》和《中华人民共和国畜牧法》中有明确规定，可总结为五条：第一，养殖用地按照农业用地管理，需要办理设施农业用地备案手续；第二，畜禽养殖用地范围内需要兴建永久性建(构)筑物，涉及农用地转用的，依照相关规定办理；第三，畜禽养殖场的选址、建设应当符合国土空间规划的要求；第四，不得在禁养区域建设畜禽养殖场，禁养一般涉及生态红线管理；第五，畜禽养殖场内，除鸡舍外，宿舍办公楼等永久性建筑物的面积不得超过总建筑面积的7%。

2. 养殖场对自然环境要求

(1)地理位置　充分考虑地形与地势，利用自然屏障，形成自然的隔离，如山岭、河流、自然形成的沟渠等。避开主干道，距离主干道500 m以上，距离水源地500 m，附近1 km内没有大片的水域。

(2)排水要求　地势较高，排水顺畅，能够避开自然的排洪沟渠；通风良好，但不得建于风口位置。

3. 养殖场对周边社会环境的要求

(1)避开人居环境　距离村庄、集市等500 m以上。

(2)避开高风险场所　距离屠宰场、病死动物处理场所、粪污消纳点、畜禽产品加工厂、垃圾处理场、车辆洗消场所、动物诊疗场所等至少1 000 m。

(3)避开同种类养殖场　距离同种类养殖场至少1 000 m，并对3 000 m范围内养殖场进行标记；如果是高代次的养殖场，如父母代、祖代或原种场，建议距离其他同类养殖场不低于3 000 m。

4. 养殖场周边基本条件要求

(1)基础条件　包括土质类型、水源供应、交通便利、电力供应、气候气温、常年主风向、气象灾害等多方面因素。

(2)环保要求　了解当地政府对于环境保护的要求，养殖区域要符合政府的长期规划及畜禽养殖污染防治要求。

(3)劳动力和饲料原料情况　调查当地劳动力来源和劳动力供应水平是否存在宗教禁忌；饲料原料是否充足，设计饲料原料外调是否会影响产品成本。

(4)野生动物调查　养殖场选址要和林业部门沟通，了解当地野生动物如鼠类、鸟类活动或者迁徙情况，避开野生动物迁徙路线，并针对不同的野生动物活动，建设养殖场的物理屏障，如通过设置围墙等防野生动物。有的地方鼠类活动频繁，可以调查和老鼠相关的鼠疫、流行性出血热等疾病的流行动态；有的地方属于野鸟聚集地或野鸟迁徙路线，需要查询当地野鸟的迁徙情况。

二、养殖场设计

1. 牧场分区

养殖场地点确定后，下一步的工作就是养殖场的设计。根据场内建筑和设施功能的不同，将场区划分成3个功能区，分别是生活区、生产区(含畜禽栋舍及相关的附属设施)以及隔离区，依据场区整体建筑和设施之间的关系，依次按主导风向和地势位置排列。一般的原则是：风向从上到下，地势从高到低，依次分布生活区(含净道入口)、生产区、隔离区(含污道、病死畜禽处理设施等)，见图2-1。

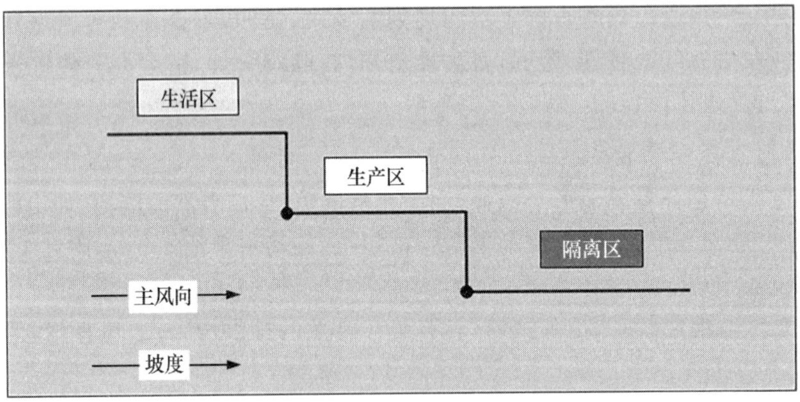

图2-1　养殖场功能区分布

生活区的功能是为生产提供支持，保证工作人员日常的食宿娱乐活动相对舒适，主要包括生活设施，如入场消毒通道、宿舍、厨房、餐厅；办公设施，如办公室、会议室；生产辅助设施，如辅料仓库、蓄水池、锅炉房等。

生产区包括圈舍、净道、配电系统、供料系统、生产区进出隔离区的防疫设施等；本区为核心区域，也是生物安全等级最高的地方。

隔离区包括污道、病死鸡无害化处理设施、粪便污水处理设施、污道进出外界的消毒通道、兽医室等

牧场各个功能区独立设置，在功能区之间穿梭，要具备一定的防疫隔离设施。

产蛋场蛋库的管理与鸡舍不同，但防疫的要求是一样的，可以把它视为“另外一栋鸡舍”的管理，要求具有独立、封闭的空间，独立的工作人员，独立的洗澡间以及独立的管理，如种鸡场人员进出蛋库，需经过洗澡更衣等消毒流程（图 2-2）。

①鸡舍　②生活区、宿舍　③仓库　④入场消毒通道　⑤兽医室、解剖间
⑥中央料塔　⑦入舍消毒通道　⑧大门　⑨蓄水池

图 2-2　蛋鸡育雏场功能区布局案例

2. 防疫分级

牧场根据功能区的不同，把场区分为三级防疫区，其中鸡舍、隔离区（含污道、病死鸡处理设施等）为一级防疫区，鸡舍以外的生产区域为二级防疫区，生活区为三级防疫区。

鸡舍属于生产区，但生物安全级别高于生产区的任何地方，是生物安全防控的重点区域。鸡舍内为最高生物安全级别的区域。生活区与舍外生产区存在的意义在于实现“所有进入鸡舍的人员和物品均经过有效的生物安全措施处理”的目标。

鸡舍以外的生产区属于二级防疫区，属于鸡舍的配套设施，为了保证鸡舍生产的有序进行而设置，围绕着鸡舍分布。这一部分的生物安全工作也非常重要，能够防止有害动物、病原进入鸡舍。

不同的防疫级别，意味着不同的防控强度，需要采取的消毒防疫设施和方案应该有所区别，如鸡舍要求每日喷雾消毒，进行地面卫生清理工作；二级防疫区则可以每周消毒 2～3 次，卫生清理工作也可以按照 2～3 次/周安排。

3. 场区密闭性

场区密闭性主要通过围墙和围房实现。围墙是指鸡场的围墙，包括生产区和生活区的围墙；围房是指围绕鸡舍及附属房的有效包围，包括鸡舍围墙和屋顶的密闭性检查、各出入口的挡鼠板，通风口的防鸟网、遮阳板等。

围墙存在的主要意义在于将老鼠或其他野生动物堵在场区外面。围房主要是指栋舍的包围。栋舍尾端是老鼠经常出入的区域，要求对栋舍各个可能进入老鼠的部位进行封闭包围，有条件的场区可以对栋舍尾端进行统一包围；凡是有门的地方均需要挡鼠板，挡鼠板的高度应不低于 60 cm。

4. 入场消毒设施的设计

入场消毒间分成 5 个区域：阳光房（用于晾晒衣物）、洗澡间、办公室/接待室、物品消毒间、辅料仓库。

洗澡间为核心区域，分为 5 个部分：外部缓冲区、外更衣室、洗澡区、内更衣室、内部缓冲区，详细见图 2-3。外部缓冲区与外更衣室通过隔离凳隔离，内部缓冲区与内更衣室通过隔离凳隔离；外部缓冲区内设置洗手消毒区域、传递窗；内部缓冲区设置酒精喷手消毒区域；在外更衣室、洗澡区、内更衣室，为每人配置一双洗澡拖鞋。

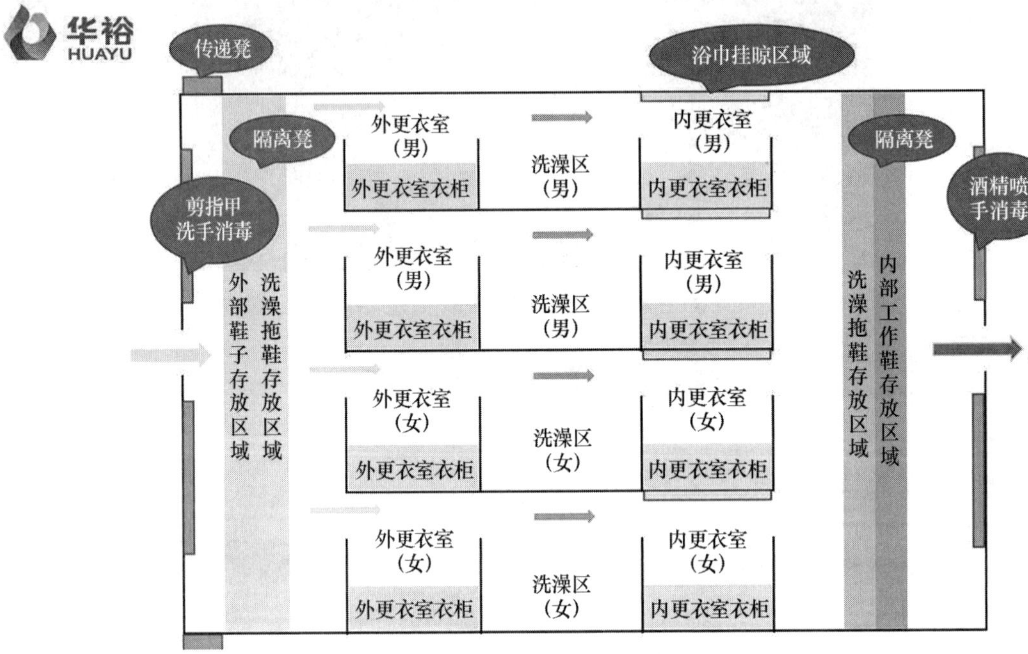

图 2-3 养殖场洗澡间示意图

5. 车辆进出路径

（1）料车进出路径　总料塔设置在鸡场内部靠近围墙边，散装料车在场外打料，做到外部饲料车不进场，鸡舍料塔通过总料塔进行分装。有的场区没有配备总料塔，所以料车需要进场卸料，这样就需要配有消毒设施和制度，在车辆进场前对轮胎和车身进行全面消毒，要求轮胎内外表面全部湿透，当种鸡场四级预警等级划分处于 4 级时，在车辆料车离开后，应及时对料车经过的地面进行有效消毒。

（2）粪车进出路径　种鸡场配有中央集粪带，由中央集粪带将鸡粪输送到生产区外，粪车在生产区外收集鸡粪。没有配置中央集粪带的种鸡场，应设置明确的污道，并对进出污道的工作人员进行管控。在厂区设计中，污道应处于净道的相反的方向，位于排风扇的一侧。

（3）蛋车进出路径　养殖场的蛋库建议独立于种鸡场外，蛋车不进入生产区，就可以装卸种蛋。装蛋平台是蛋库唯一与外界接触的地方，须有标识物将净区、污区隔开，司机不和蛋库人员接触，装车期间司机也不下车，防止形成交叉污染；装车结束后应对装车平台进行喷雾消毒。

6.全进全出的生产模式

养殖场必须按照全进全出的模式设计，全进即所饲养的动物在最多 21 d 内全部入场；全出即所饲养的动物在需要淘汰或屠宰的时候，一次性淘汰完毕，为了降低空舍期的折旧成本，一般全场淘鸡跨度不超过 14 d，然后鸡舍进入空舍阶段的清理和消毒工作。一般的蛋种鸡场，按照饲养周期和阶段的不同，可以按照育雏场，产蛋场 1∶3 的生产模式设计，即 1 个育雏场对应 3 个产蛋场；祖代种鸡场按照一托二模式设计，即 1 个隔离场对应 2 个产蛋场。

7.鸡舍的设计

（1）密闭式鸡舍　鸡舍必须为密闭式鸡舍，单台风机开启时的负压最佳为 50 Pa，鸡舍的入口和斜向粪带口设置防鼠板或防鼠围挡，蛋链入口和小窗入口设置防鸟网或防蝇网，防止苍蝇、鸟类进入。

（2）鸡舍内外板材和舍内用具　要使用金属材质和塑料材质等表面光滑的板材，便于清理和消毒。

（3）鸡舍建筑的材料　包括主体结构、板材、保温材料等，都要求具备一定的防潮、防腐、防火的性能，如混凝土、砖墙、钢材、防火板材。舍内地面和墙壁做到光滑、平整，便于清洁和消毒，地面朝向排水沟的方向要略微倾斜，便于排水。

（4）鸡舍的防疫设施　鸡舍的入口要建筑防疫消毒间，便于物品的消毒，每栋鸡舍前建洗澡间，便于人员洗澡和消毒。

第三章
主要投入品管控

一、引种安全

高生产性能的商品化蛋鸡具有严格的家系选育流程：纯系、曾祖代、祖代、父母代、商品代。纯系和曾祖代蛋鸡通常由世界上少数几家育种公司占据，他们通常会采取非常严格的生物安全措施预防疾病。父母代和商品代蛋鸡由企业或个人饲养，而这些农场的生物安全措施往往参差不齐。生物安全措施不健全的养殖场饲养的种鸡会对下游引种企业造成较大的养殖风险。因此，种源安全是蛋鸡健康养殖的前提，也是养殖场引种的重中之重(图 3-1)。

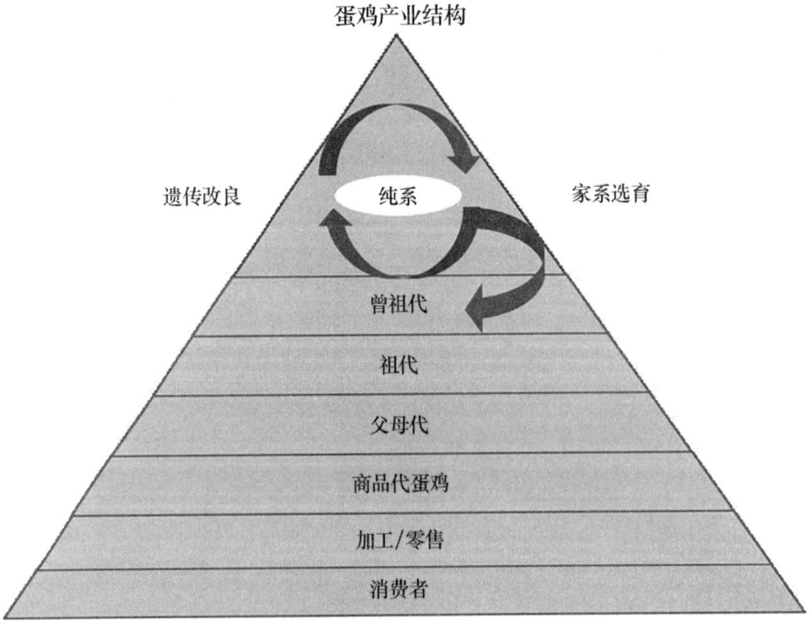

图 3-1　蛋鸡养殖结构(引自 PYM，2013)

我国规模化养鸡业起步于 20 世纪 70 年代末 80 年代初，凭借政策扶持，蛋鸡产业迅猛发展，成为国内畜牧业规模化、集约化程度最高的产业。在我国养鸡业发展初期，国外高产蛋鸡品种发挥了重要作用，时至今日"海兰"系列、"罗曼"系列等仍是我国重要的蛋鸡饲养品种，同时我国也在逐步选育自有品种，先后出现了"京红京粉"系列、"大午"系列、"农大"系列等优秀国产蛋鸡品种。当前我国养殖的蛋鸡品种和品牌众多，为养殖企业提供了较大的选择空间，但同时也凸显出引种安全的重要性。

1. 引种前准备

引种前准备工作主要包括种源企业考察和养殖场生物安全建立。

（1）种源企业考察　种源关乎蛋鸡生产性能上限和后期饲养难度，是养殖场垂传疾病控制的关键点，务必引起企业管理者重视。在考察种源企业时，优先选择产业链条完备、管理和生物安全体系健全的企业，这些企业具有自主可控且完备的种鸡生产链条，生物安全措施相对严格，且具有相对完善的售后服务团队，种鸡的质量和售后具有保障。建议引种企业从以下 3 个方面考察种源企业：

①垂传疾病控制情况。种鸡常见的垂传疾病包括禽白血病（AL）、鸡白痢、支原体（MG、MS）、禽网状内皮组织增生症（RE）等，其中《动物疫病净化示范区评估标准（试行）（2019 版）》明确提出种鸡场要完成禽白血病和鸡白痢净化。当前我国多数规模化种鸡场基本完成“两白”净化，引种时可查看种源企业相关资质。其他垂传疾病控制目前尚无国家要求，主要由种鸡公司通过生物安全措施和疫苗药物防控，引种时可通过查看种源企业的免疫程序和往期客户雏鸡饲养反馈了解这些疾病控制情况。

②水平疾病控制情况。相对于垂传疾病，种源水平疾病感染对下游养殖场影响较小。但对水平疾病的控制水平往往可反映种源企业的生物安全措施成效。水平疾病控制良好的企业，垂传疾病风险也往往较小。

③孵化场管理。几乎所有垂传疾病均能水平传播，孵化场是疾病水平传播的重要场所。种蛋是在孵化器内孵化的，任何一个鸡蛋或小鸡发生感染，都有可能感染同一孵化器内的其他雏鸡，并在出雏器和出鸡流水线进一步扩大感染范围，避免不同批次种蛋共同孵化可降低这种交叉感染风险。从生物安全方面来说，同批次种蛋全进全出式孵化，更有利于孵化前后环境和设备彻底消毒，避免不同批次交叉感染。

（2）养殖场生物安全建立　引种前按照第二章结构性生物安全建设养殖场。符合生物安全的养殖场是保障雏鸡健康成长的关键。

2. 引种过程监督

种蛋是垂传疾病病原传递给雏鸡的重要介质，一方面病原通过生殖道进入种蛋，另一方面病原可在种蛋运输、贮存或孵化过程中污染蛋壳或通过蛋壳进入鸡蛋内部，因此应监督引种过程中种蛋、孵化环境和雏鸡。

（1）孵化场疫苗免疫　根据引种企业疫病防控压力，选择不同的雏鸡疫苗免疫方案。一般来说，鸡马立克疫苗、传染性支气管炎疫苗是产蛋鸡免疫的必选项，其他疫苗如鸡传染性法氏囊、传染性喉气管炎、鸡痘等，可根据引种企业的实际情况选择使用。

（2）雏鸡生产链抽检　具备检测条件的引种企业，经与种源企业协商，可对雏鸡进行抽检，保障雏鸡质量可控。

（3）隔离检疫（境外引种）　境外种鸡需按《中华人民共和国进出境动植物检疫法》要求进行隔离检疫，隔离检疫在隔离场进行，时间为 30 d，经海关检疫合格后方可转入正常饲养。

二、空舍安全

空舍期管理是减少、杀灭舍内潜在细菌、病毒和寄生虫，切断上批次与下批次鸡群之间病原微生物纵向传播途径，保障下批次鸡群健康的重要方法和手段。

空舍冲洗消毒按照“清理、清扫、清洁、清洗、消毒、静置”6个步骤，具体介绍如下：清理，即区分要与不要的物品，现场只保留必需的物品，必需品依规定定位、定方法摆放，整齐有序，明确标识；清扫，即清除现场的脏污、清除作业区域的物料垃圾；清洁，即在不使用水的情况下，实现目标物品的眼观干净，如果能够实现眼观清洁，直接进入消毒环节，如果难以实现眼观清洁，则进入清洗环节；消毒，即达到微生物检测合格；静置，即通过静置，进一步实现生物干净。

1. 空舍卫生清理

空舍卫生清理是实现空舍安全的第一步操作，以华裕农业科技公司操作的细节为例进行展示。

（1）栋舍清理标准

①做到舍内无鸡毛、无鸡粪、无污水、无垃圾、无异物等。

②鸡群转群或淘汰后栋舍剩余饲料及时清理。

③能拆的设备必须拆下来，便于冲洗。

④场区范围内，消除所有积水隐患。

图3-2为场区栋舍清理过程。

吹灰尘　　清洗过程　　擦拭笼具

图3-2　场区栋舍清理过程

（2）栋舍外清理

①清除杂草，场区内绿植高度不超过1 m。

②场区范围内，做到无鸡毛、无鸡粪、无垃圾等，不能出现散落的饲料。

③污道区清扫，路面冲洗干净。

④场区垃圾存放不见天，垃圾桶使用后清洗消毒。

⑤场区围墙范围外，清除杂草、杂物，整理出至少3 m的净区隔离带。

⑥鸡舍冲洗结束后，场区路面应进行全面冲洗与消毒，达到净场状态。

2. 空舍消毒模式

空舍卫生清理结束后进入消毒环节，2242 空舍消毒包括 2 次灭鼠＋2 次杀虫＋4 次消毒＋2 次水线浸泡，简称空舍 2242 消毒模式，该模式的顺序依次为：第 1 次灭鼠—第 1 次水线浸泡—鸡舍冲洗—2 次杀虫—第 1 次消毒（泡沫消毒）—第 2 次消毒（喷洒消毒）—第 2 次灭鼠—第 3 次消毒（福尔马林熏蒸）—空舍采样微生物检测—第 4 次消毒（进鸡前 3 d 用全去熏蒸）—第 2 次水线浸泡—进鸡，以上为 2242 空舍消毒模式，图 3-3 为具体操作流程图。

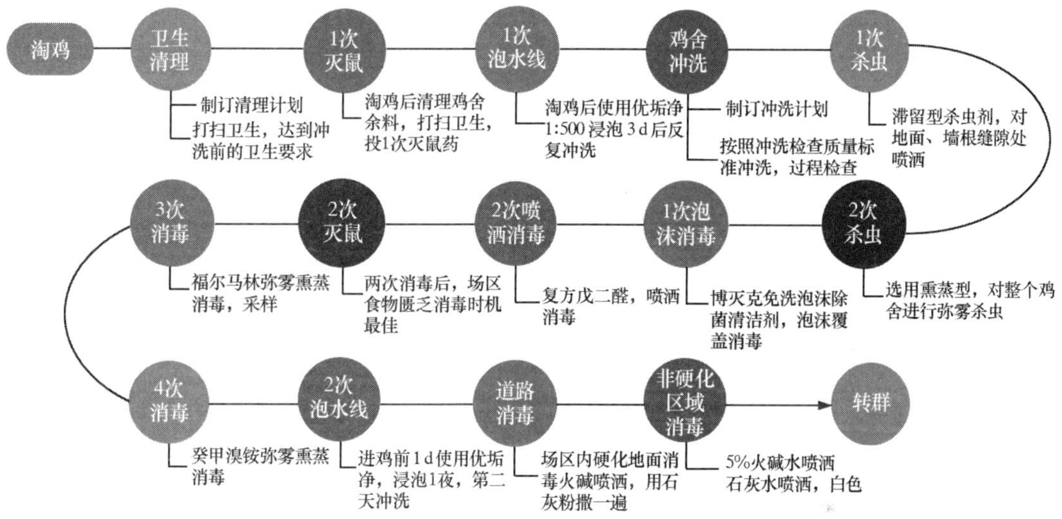

图 3-3　2242 空舍消毒操作流程示意图

(1)2 次灭鼠　第 1 次灭鼠在场区无鸡后，对饲料进行清理，饲料清理结束后立即进行第 1 次灭鼠，防止场区内老鼠逃窜到场区周围，对场区周围环境造成污染。

第 2 次灭鼠在鸡舍 2 次喷雾消毒后，福尔马林熏蒸前，场区处于老鼠食物匮乏状态，是彻底灭杀所有老鼠的最好时机，在放置鼠药前，需先清理鸡舍及场区内的积水。

(2)2 次杀虫　杀虫时机选择在鸡舍冲洗干净，消毒液喷洒消毒前进行；鸡舍冲洗后风干，然后进行杀虫。第 1 次使用滞留型杀虫剂，对墙根有裂缝处喷洒；第 2 次使用熏蒸型杀虫剂，对整个鸡舍进行弥雾杀虫。喷洒或弥雾杀虫剂时，需佩戴防毒面具，至少 2 人同时操作，防止中毒。

(3)2 次水线浸泡　第 1 次水线浸泡空舍后使用有机酸类产品，按照产品说明使用，泡管 3 d，低温季节可适当延长浸泡时间，浸泡后用水循环冲洗 3 次，达到干净、无任何悬浮物即可。浸泡结束后，将水线水放干，进入静置期。

第 2 次水线浸泡在进鸡前 1 d，使用过氧化氢物类产品对水线浸泡过夜，第二天用水循环冲洗 3 次，达到干净、无任何悬浮物后，进入养鸡状态。

(4)4 次消毒　开始消毒前要求鸡舍经过眼观验收，并使鸡舍内物体、地面、墙面处于干燥状态，如潮湿或有积水，会影响消毒效果。

第 1 遍使用免洗泡沫除菌清洁剂，泡沫覆盖消毒，市售有表面活性剂＋对氯间二甲苯酚成分产品；第 2 遍使用复方戊二醛，喷洒消毒；第 3 遍使用福尔马林弥雾熏蒸消毒，福尔马林熏蒸结束后，进入净舍期；第 4 遍使用癸甲溴铵弥雾熏蒸消毒(图 3-4)。

在进行福尔马林熏蒸前，在舍内使用的所有物品，全部一次性放入鸡舍并摆放好，包括鸡笼底部铺好垫纸、免疫小车、产蛋场塑料蛋盘等。

图 3-4 消毒

3. 福尔马林弥雾熏蒸具体流程

福尔马林溶液在畜牧业熏蒸消毒广泛应用，其原理为释放甲醛使菌体蛋白凝固及溶解菌体类脂，可以杀灭物体表面和空气中的细菌、真菌和病毒，是一种比较有效的消毒方式。传统福尔马林熏蒸采用福尔马林＋高锰酸钾 2∶1混合使用，高锰酸钾是一种管控药物，只有经有关部门批准才能买卖，因此在养殖企业的使用中受到限制，福尔马林弥雾熏蒸因操作方便、高效、弥雾均匀等特征被广泛应用。

图 3-5 福尔马林弥雾熏蒸现场

福尔马林弥雾熏蒸为 2242 消毒模式的一项重要环节，福尔马林弥雾熏蒸因有一定毒性，因此在作业时应从人员配置、设备选择、操作方式等进行规范，操作时需佩戴防护面罩，并不少于 2 人同时操作，规避风险保障人员安全。醛类消毒剂易受有机物影响，因此彻底清除鸡舍残留有机物(尤其是表面有机物)非常必要，也是保证弥雾熏蒸效果的前提。图 3-5 为福尔马林弥雾消毒后现场图片。

以下为华裕农业科技有限公司在实际生产中，使用福尔马林弥雾熏蒸的操作流程，供参考使用：

(1)人员安排　每台弥雾机需2人操作；如果在同一走道操作，可以2人操作2台弥雾机，以保证出现状况时，有人协助解决。

(2)空间体积计算　长方体参照根据长×宽×高计算，屋脊体积参照1/2×宽×屋脊高度×长度计算。

(3)福尔马林使用量计算　按照每立方米2倍量使用，即28 mL福尔马林溶液/m^3，甘油增效剂使用量为福尔马林溶液体积的2%。以一个栋舍为例，鸡舍长度为103 m，宽11.5 m，墙高6.2 m，三角屋脊高1.1 m，则体积为$103\times11.5\times6.2+1/2\times11.5\times1.1\times103\approx7\ 995\ m^3$，以8 000 m^3计算，使用福尔马林溶液224 L，甘油使用量为4.48 L，具体使用量根据实际情况计算。

(4)防毒面具、衣服选择　推荐福尔马林弥雾使用全包式过滤防毒面具或面部可调节防毒面具，配套过滤罐为3号罐，如图3-6和图3-7所示，根据操作人员数目而定，每人1套，提前查看防毒面具是否有漏气现象。

图3-6　包头式防毒面具

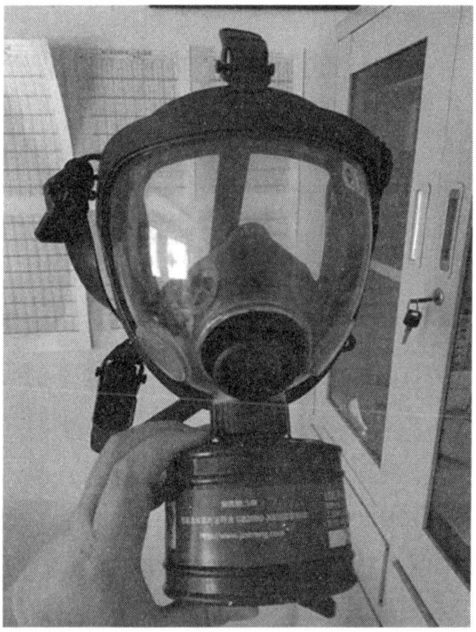

图3-7　可调节式防毒面具

甲醛弥雾熏蒸要求穿防护服，避免甲醛气体与皮肤直接接触；穿布鞋或雨鞋，禁止穿拖鞋或凉鞋；手部佩戴橡胶手套或丁腈手套(图3-8、图3-9)。

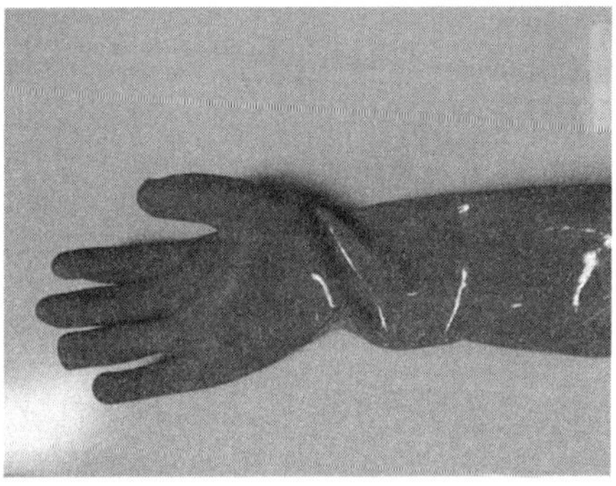

图3-8　橡胶手套

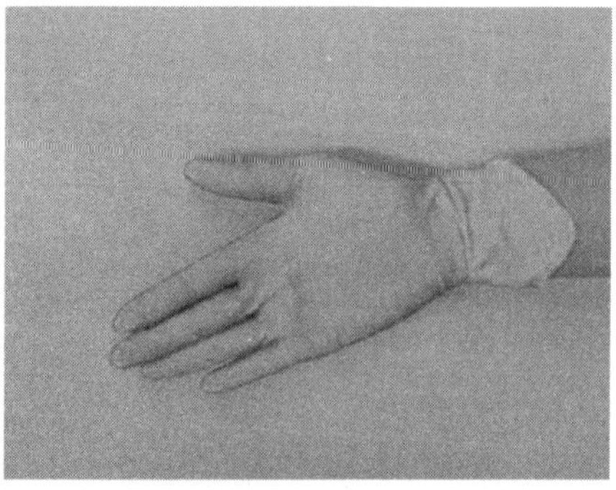

图3-9　丁腈手套

(5)鸡舍密闭性管控　有缝隙的地方要进行密封,可使用塑料布或报纸进行密封,鸡舍要关注水帘、风机、粪带口、门窗、排污口等处是否密闭。

(6)弥雾消毒物资准备

①弥雾机出液量测定。推荐脉冲式设备出液量提前测试校准;提前查看配套汽油、甘油增效剂数量是否充足(图 3-10)。

图 3-10　弥雾机

②甘油增效剂添加。添加增效剂时要边加边搅拌,呈现均匀状态即可,其他种类消毒液相同操作,配套增效剂按照厂家产品说明使用。溶液配备、添加要佩戴防毒面具,手套。

③脉冲式弥雾机使用台数确定。要求中途不用添加汽油为准,一次从末端到前端弥雾结束。以某场区 1 栋为例,按照 1 栋鸡舍 8 000 m^3 计算,224 L 福尔马林溶液,出液量 2 L/min,单台操作预计需要 120 min,单台弥雾机汽油可维持 30 min,使用 4 台弥雾机可实现中途不添加汽油,现要求每个栋舍参照该方式进行计算,确定每个栋舍使用弥雾机台数,只能大于等于该台数。

(7)弥雾时间计算

①长宽均小于 20 m 的空间,根据空间大小计算出消毒液使用量,再根据弥雾机实际每分钟出液量计算出弥雾时间,具体操作时使用计时器计时。

②鸡舍弥雾消毒平均 10 m 一个弥雾消毒点,可参考单组笼具长度、鸡舍长度计算出单条消毒线路弥雾消毒点数,根据使用弥雾机台数算出每台弥雾机需要喷雾总量。根据每分钟出液量计算出单个位点耗时(min)=消毒液需要总量(L)/所用弥雾机每分钟平均出液量(L)/[单个弥雾机消毒点数(个)×弥雾机台数(个)],具体操作时使用计时器计时。时间把控可以在确定每个点弥雾时间后,匀速行走,有专人计时,在卡点时间有剩余则进行停留弥雾至时间结束,紧接着进行下一个 10 m 的弥雾操作。

举例:以某场区 1 栋为例,共计需要 224 L 福尔马林,鸡舍长度 103 m,每台弥雾机设置 10 个弥雾点,使用 4 台弥雾机,每台弥雾机平均出液量为每分钟 2 L,则每个点弥雾时间(min)=224/2/(4×10)=2.8 min,即每行走 10 m 使用 2.8 min,从一个弥雾点到下一个弥雾点平均速度为 3.6 m/min,若到 10 m 弥雾距离结束时间仍有剩余,则在此点进行弥雾至 2.8 min 时及时结束，依次进行下一个 10 m 弥雾。

(8)弥雾消毒具体操作

①长宽均小于 20 m 的空间，在门口弥雾端操作。

②鸡舍弥雾消毒行走方向为从鸡舍末端向鸡舍前端，每 2 台弥雾机放置在一辆小车上弥雾(图 3-11、图 3-12)，2 人同时操作，前端、后端方向向鸡舍中央方向弥雾，其他类似空间也可参照该种方式；可将弥雾机放于免疫车上或装小车上，减少负重。

图 3-11 免疫车上操作

图 3-12 小车上操作

③若弥雾结束仍有部分剩余消毒液，则可在鸡舍前端或风机端进行弥雾；弥雾机 2 m 之内不要有易燃物品；喷雾完成后风机关闭，门关闭，贴上封条，并标明时间，24 h 以内不允许打开。

4. 空舍消毒效果评价

(1)眼观评价 眼观查看栋舍无鸡毛、无粪污、无蛋液、无污水、无杂草、无垃圾、无异物，该项检查由相关质检人员进行验收，不合格的进行整改，眼观达标以后才可以进入消毒阶段(图 3-13)。

(2)消毒后微生物采样评价 空舍消毒后采集物体表面进行微生物检测，以评价消毒效果，为鸡舍消毒后是否为安全栋舍提供依据，以下为华裕农业科技有限公司空舍微生物评价标准，可参考使用。

(3)判断标准

①按表 3-1 评分标准进行空舍验收微生物检测评分。

②沙门菌为否定性指标，如果沙门菌阳性，总体得分为 0 分。沙门菌阴性，总体得分为细菌计数的得分。

③鸡舍内物体表面检测时，鸡舍同一检测位置，多个采样点时，先分别计算各个采样点的得分，再将各个点的分值平均，即

图 3-13 空舍清洗消毒完成后

为本栋舍的得分。多个栋舍时，先按栋舍打分，最后各栋舍平均得分为最终得分。如在细菌总数计算出现小数点时，按四舍五入原则。

④鸡舍外物体表面采样时，有的位置场区如果不存在（如有的场区没有生活区餐厅），则该位置得分为鸡舍外物体表面检测其他位置得分的平均分。

⑤检测总分<70 分为不合格；70 分≤总分<80 分为合格；80 分≤总分<90 分为良好；检测总分≥90 分为优秀。具体见表 3-1。

表 3-1　空舍验收微生物评分标准

检测项目	权重	检测位置	权重	（100 分）	（80 分）	（60 分）	（0 分）	本项分数	权重得数	总分	评价
鸡舍外物体表面检测	20%	生活区餐厅	2%	0	1～20	21～29	30 以上				
		生产区餐厅	2%	0	1～20	21～29	30 以上				
		生活区洗澡间	2%	0	1～20	21～29	30 以上				
		生产区洗澡间	2%	0	1～20	21～29	30 以上				
		生产区办公室	2%	0	1～20	21～29	30 以上				
		宿舍	2%	0	1～20	21～29	30 以上				
		物品传递间	2%	0	1～20	21～29	30 以上				
		仓库	2%	0	1～20	21～29	30 以上				
		药品储藏间	2%	0	1～20	21～29	30 以上				
		蛋库	2%	0	1～20	21～29	30 以上				
鸡舍内物体表面检测	80%	鸡舍地面	10%	0	1～20	21～29	30 以上				
		鸡舍墙面	10%	0	1～20	21～29	30 以上				
		料槽	15%	0	1～20	21～29	30 以上				
		饮水设备	15%	0	1～20	21～29	30 以上				
		饲料行车	10%	0	1～20	21～29	30 以上				
		传粪带	10%	0	1～20	21～29	30 以上				
		风机	10%	0	1～20	21～29	30 以上				
沙门菌定性检测	否定性指标	所有采样									

备注：以上物体表面细菌总数检测结果为细菌数目/平方英寸。

得分计算举例说明：生产区餐厅细菌检测结果为 3 CFU/平方英寸，则本项分数 80，权重得分为 80×2%=1.6 分；总分为权重得分的总和；根据总分将空舍评为不合格、合格、良好、优秀。

三、饲料安全

饲料生物安全是指饲料原料、生产、运输环节中都不含有感染动物发病的病原。影响饲料生物安全的因素主要包括：虫害、鼠害、鸟害、原料中的病原微生物污染和其他污染物，外来人员和车辆携带的病原微生物，也会造成饲料污染。

为降低饲料生物安全风险，确保饲料无病原微生物携带，需要梳理饲料生物安全关键点，影响饲料生物安全的主要因素包括：有害生物接触、原料携带以及饲料生产、贮存、运输过程中污染。

1. 饲料处理

(1)高温处理　饲料是养殖场最大的外源性投入品，饲料的安全关乎疾病防控的成败，因此饲料必须绝对安全。成品料无论粉料还是颗粒料的加工过程都要经过高温蒸汽热处理(温度 80 ℃以上，时间不低于 40 s)，达到杀灭病原微生物的效果，从而控制可能来自饲料的安全隐患。

(2)使用添加剂　饲料安全是沙门菌防控的关键因素之一。研究表明动物性蛋白具有较高的污染程度。植物性蛋白，如豆粕(SBM)，很少受到污染。颗粒料和为减少或消除沙门菌用化学方法处理的饲料也很少具有引入沙门菌的风险。

如果要防止饲料感染沙门菌，应优先采用热处理方式加工饲料，如果不能保证饲养期全程使用热处理料，饲喂粉料可联合使用酸化剂、酵母提取物等产品降低饲料感染沙门菌的风险。

2. 原料管控

为保证原料的相对安全，饲料原料不能选用动物性产品，应该选择植物性原料和非生物性添加剂、多种维生素、矿物原料。

(1)厂家选择　原料供应商必须符合技术部门和采购部门的审查评价，否则不予合作。饲料原料采购应该从信誉良好、资质齐全、生产规范的生产厂家购买原料，将饲料生物安全指标及标准明确写到合同中，并让供应商提供质量保证承诺书，保证相关病原阴性。明确由于原料污染造成的饲料相关损失由供货商承担。

(2)原料外观要求　饲料外观基本要求。观察饲料形状、色泽、霉变、虫害、鼠害、异物等均无异常，视为眼观验收合格。味觉鉴定可将少许饲料放入口中舔咬，优质饲料味好，劣质饲料有怪味。嗅觉鉴定看饲料有无霉臭、腐臭、氨臭、焦臭等，有则为劣质饲料。触觉鉴定用手指捻饲料，通过触摸饲料颗粒大小、硬度、黏稠性等来判断饲料优劣。

(3)污染物要求　饲料原料以及饲料生产过程和贮存运输过程中，均可能混入或产生对动物机体造成危害的物质，这些饲料污染物质严重影响了饲料的安全性。饲料污染物质主要分为无机污染物、真菌毒素、天然植物毒素、有机氯污染物和微生物污染物几大类。

无机污染物包括砷、铅、汞、镉、铬、氟和亚硝酸盐。主要来源于受重金属污染地区的动植物以及腌制食品(亚硝酸盐含量较高)，属于原料污染。在加工和贮存过程中一般不会产生，也难以通过加工的方法去除。

真菌毒素包括黄曲霉毒素、赭曲霉毒素、玉米赤霉烯酮、脱氧雪腐镰刀菌烯醇(呕吐毒素)、T-2 毒素、伏马毒素。一般是饲料原料贮存过程中由霉菌产生的霉菌污染，危害极大。通常采用脱霉剂等饲料添加剂成分予以预防，但对于已经霉变的原料，现在还没有很好的解决办法。

天然植物毒素包括氰化物、游离棉酚、异硫氰酸酯等。在部分饲料原料(如亚麻籽、木薯、棉籽、菜籽等)中含量可能较高，使用相关产品时需要进行检测并控制其在配合饲料中的使用量。

微生物污染物包括霉菌、细菌、沙门菌等。微生物污染超标可能源于原料的污染，也可能是生产过程和保存方式错误而导致的，需要通过建立完善的危害分析和关键控制点，以及良好的生产行为规范进行管控。

(4)仓储管理　仓储库地面要保持清洁卫生，要设立有效的防鼠、防鸟、防虫以及其他生物设施，库管员应每天对库房进行巡视，发现预防进入措施失效或有生物进入应立即采取措施。发现有生物安全风险的原料，需隔离存放，待相关部门确认后进行处理。

原料接受区涉及与地面接触的区域，如玉米、豆粕卸货区域，每日至少两遍消毒，卸料前地面喷洒消毒一次，晾干后卸料，每日下班后消毒一次，确保地面无病原微生物。原料在存放时应做到不接触地面和墙壁，存放做到离地、离墙。

(5)其他要求　玉米要使用烘干玉米，降低病原微生物携带风险。石粉要使用吨包包装，吨包要求使用新的包材或者吨包经过有效消毒，经过消毒确保无病原微生物携带的吨包可以重复利用。

3.生物防控

饲料厂生产车间内、原料贮藏区要做到无鼠、蝇、鸟、猫等生物，由于几乎一切生物都可以携带病原微生物，因此防控生物接触饲料也是关键点之一。

饲料厂要成立以厂长为组长的生物安全管控小组，按照饲料厂生物安全检查表，每月至少检查一次。有害生物防控措施每日检查，发现问题立即整改。

4.人员安全

从事饲料生产的员工，家中禁止饲养家禽，每年至少一次调查员工家中是否有养殖情况，新入职员工要明确告知禁止饲养和接触活禽。

进入厂区的人员，必须经过手部消毒。进入场区人员需要洗澡、更衣、穿生产区专用鞋。进入生产车间及原料卸货区的人员，需要再次换鞋才允许进入。场内工作服和鞋需要每日清洗消毒。

5.卫生消毒

饲料场功能区应划分为生活区和生产区，区域间要有围墙或围栏等隔开。区域间人员流动要经过更衣、洗澡、换鞋，物品使用要相对固定，不能随意往来，需要区域间流动的物品，要经过有效消毒。

(1)车辆消毒　所有进场车辆都需要经过消毒才能进场，为做到轮胎全面消毒，行驶车辆应在轮胎转过半圈后再次消毒，有消毒池的场区，要做到每日至少更换一次消毒液。消毒液使用按照公司最新版推荐量使用。

(2)环境消毒　车间内外每日打扫，消毒每周至少一次，消毒液使用按照公司最新版推荐量使用。车间内如发现老鼠等有害生物进入或检测存在沙门菌污染，要额外增加一次消毒。

(3)生产线消毒　生产线每月至少消毒一次，可以参照使用酸化剂与破碎玉米混合物清洗生产线，如使用沙门净与破碎玉米按照1∶1混合后清洗生产线。

四、饮水安全

水是生命之源，是畜禽养殖生产中不可缺少的物质。水是构成畜禽机体的主要成分，水约占畜禽体重的2/3。畜禽体的一切生理、生化过程都需要在水的参与下进行，是化学反应的介质。在酶的作用下，参与很多生物的化学反应，如水解、水合、氧化、还原等反应。因此，畜禽离不开水，缺水比缺饲料对其健康的危害更大。只有在水的质和量上满足畜禽养殖生产需要，才能保证最终生产出安全、优质的畜禽产品。

(1)水源的选择　场区可以选择使用自来水，自来水一般都符合国家卫生标准，满足畜禽饮水安全卫生的标准。场区周边若地表水丰富，也可作水源考虑。若选用地表水，如河水、湖水作为水源时，取水口应在村落、养殖场区的上游，并与之保持较远的距离；取水口应建立在靠近湖泊或河流中心的地方，如果只能在近岸处取水，则应修建能对水进行过滤的滤井；在修建供水系统时应考虑饮用水的消毒方式，一般可在水塔或蓄水池对水进行消毒。如果所在地区不对地下水开采受限，地下水也是不错的选择，地下水中的微生物含量较低并且几乎不会存在寄生虫。应该选择自来水，还是地表水或者是地下水，需要结合养殖场具体情况确定。

(2)水源管控　华裕农业科技有限公司在生产实践中，针对饮水微生物的管控，总结了行之有效的方案，即：水源水细菌总数＜10 CFU/mL，且大肠埃希菌、葡萄球菌阴性；每月进行1次水线浸泡；每周进行1次水线反冲；每天均保证末端水线水含有一定浓度的消毒剂。

①养殖场水源水管控。每月对水源水细菌总数检测至少1次，如果细菌总数始终＜10 CFU/mL，且大肠埃希菌、葡萄球菌阴性，可不对水源水进行处理，如果细菌总数＞10 CFU/mL或大肠埃希菌、葡萄球菌阳性，需要对水源水进行消毒处理，确保水源水细菌总数始终＜10 CFU/mL，且大肠埃希菌、葡萄球菌阴性。

能否作为水源还需要对毒理指标、感官指标、一般化学指标、放射性指标进行检测。水源启用前各指标都达标，才可以判定为合格水源。为保证水源水后续安全，毒理指标、感官指标、一般化学指标、放射性指标，需要至少3年评测一次。

②水源水微生物超标处理措施。有蓄水池的场区，在蓄水池添加次氯酸钠或二氧化氯，以水线末端实际检测浓度为准，有效氯0.5～2 g/t水，有效二氧化氯0.05～0.5 g/t水。通过变频泵直接输送的场区应在总水源处增设氯装置，如果水源水通过管控仍不合格，必要时应增加水处理系统或更换水源。

(3)饮水设备管理　水源水通过管道、水池、水线等过程最终才能被动物饮用，因此不但要保证水源的干净卫生，水经过的所有设备也要保持清洁。随着饮水设备使用时间的延长，在管道或水池中会沉积一些杂质。这些在水中的杂质，特别容易成为微生物的繁殖场所。另外水中还可能会存在寄生虫，像肝片吸虫便是通过水源传播，定期清洁可以防止寄生虫的扩散，进而减小损失。很多养殖场会有蓄水池或类似设备，也要注意定期清理，以免影响水质。建议定期用过氧化氢进行清洗消毒。

①水线浸泡。浸泡频率一般每月1次，水线浸泡后及时进行反冲处理，避免畜禽饮水造成损失。水线浸泡的主要目的在于除去水线水垢，具体的浸泡频率因不同水质和季节会有区别，建议通过内窥镜检查确定合适的浸泡频率。

浸泡产品可以通过实际使用进行评估，水线浸泡时根据水线长度以及横截面积计算水线的容积，所需浸泡液的量为水线容积的1～1.5倍，根据比例将消毒剂倒入小桶内，调整自吸泵的比例，通过自吸泵往水线内添加浸泡液，打开水线反冲，直至小桶内的消毒剂全部消耗完，关闭水线反冲以及进水阀门，浸泡 1～2 h，浸泡结束后清洗反冲水线，每根水线反冲时长为浸泡液完全打入水线时长的 2 倍以上。如有用药，在每轮加药完成后，对水线进行浸泡消毒。浸泡效果检测推荐使用内窥镜对浸泡前后水线内壁进行检查。

②水线反冲。将水线内的无机悬浮物以及水线内表面的污物冲出水线，降低细菌在水线内繁殖的速度。频率 1 周 1 次。如水质较好，且细菌检测＜10 CFU/mL，可延长反冲周期到 2 周 1 次。根据水线长度以及水压确定反冲时间，可在水线浸泡后反冲时长的基础上增加 5 min，保证水线中的水全部换掉。用药期间每天进行一次水线反冲。

③水线添加氯制剂。保持水线水一直含有一定浓度的消毒剂，以抑制细菌在水线内的繁殖，确保鸡群喝到干净的水。

消毒剂添加量以水线末端含量为标准，确定水中添加量，漂白粉以及次氯酸钠产品水线末端有效氯存留 0.5～2 g/t；二氧化氯水线末端有效二氧化氯存留 0.05～0.5 g/t。为保证水线氯含量稳定有效，要求养殖场每月至少进行一次氯含量测定，若不达标需调整氯产品添加量。

第四章
作业性生物安全

一、人流管控

1.人员进场管理

(1)人员要求　根据场区类型的不同,进场人员需在进场前自行隔离,以降低人员携带病原微生物进场风险。根据风险大小,隔离时间一般在 0～14 d。

(2)人员登记　所有进入场区的人员需进行信息登记,登记内容包括但不限于进场时间、计划离场时间、隔离地点、隔离天数、监督人等,信息登记表参考图 4-1。

发放场区＿＿＿＿										年　月
日期	姓名	进入场区时间	是否通过场区准入申请	计划出场时间	实地出场时间	消毒方式	隔离地点	隔离时长	监督人	备注
			□是 □否			□更换生活区工作服 □耳鼻口手消毒 □小件物品传递窗				
			□是 □否			□更换生活区工作服 □耳鼻口手消毒 □小件物品传递窗				
			□是 □否			□更换生活区工作服 □耳鼻口手消毒 □小件物品传递窗				
			□是 □否			□更换生活区工作服 □耳鼻口手消毒 □小件物品传递窗				
			□是 □否			□更换生活区工作服 □耳鼻口手消毒 □小件物品传递窗				
			□是 □否			□更换生活区工作服 □耳鼻口手消毒 □小件物品传递窗				
			□是 □否			□更换生活区工作服 □耳鼻口手消毒 □小件物品传递窗				

图 4-1　进场人员信息登记表

(3)人员消毒　进场前先对耳、鼻、手进行消毒(图4-2、图4-3)。进场人员需使用1∶400过硫酸氢钾复合物洗手消毒(保持浸泡2 min以上);使用酒精棉签对鼻孔和耳郭进行清洁消毒;如佩戴眼镜,应使用酒精湿巾擦拭消毒。

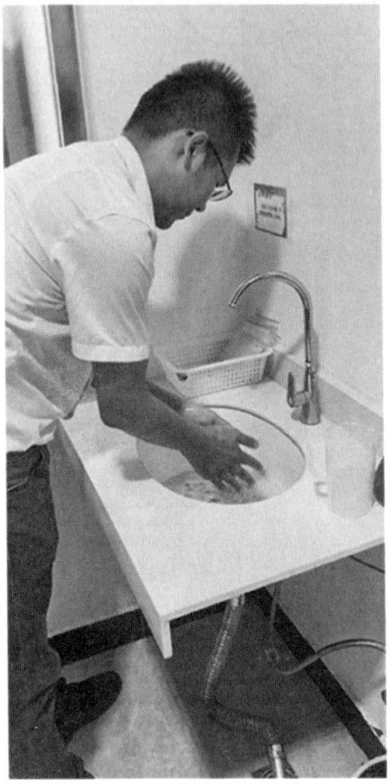

图4-2　手部浸泡消毒

图4-3　进场前耳、鼻、手消毒平台

(4)人员更衣　场区应设置进场换衣间,并使用隔离凳将场外和场内物品储物柜隔开(图4-4)。将场外衣物和鞋子置于场外物品储物柜,通过隔离凳转到内侧更换场内衣物和鞋子。进入场内可以不更换内衣,如需更换,场区应提供内衣。

(5)人员洗澡　如硬件条件支持,建议要求进场洗澡,但需注意洗澡间应提供保暖设备和质量优良的洗浴产品,以提高进场人员洗澡舒适度和意愿。

图4-4　进场隔离凳

2.人员进鸡舍管理

(1)鸡舍前端有洗澡间的场区　洗澡间入口设置隔离凳,进鸡舍人员将所有衣服脱下置于洗澡间入口储物柜,通过隔离凳更换洗澡间拖鞋后进入淋浴间,淋浴时间不低于5 min(可放置计时器),于洗澡间出口穿戴鸡舍工装,并佩戴口罩和头套。

(2)鸡舍前端无洗澡间的场区　鸡舍前端设置隔离凳,进鸡舍人员通过隔离凳更换鸡舍专用鞋,并佩戴口罩和头套。

3.人员进污道管理

生产区和污道之间应设有隔离凳。人员

从生产区进入污道，通过隔离凳更换污道内专用鞋，佩戴一次性手套、头套、口罩，并穿白大褂（或隔离服）。

4. 人员紧急进场（或鸡舍）

因停电、设备故障、鸡群发病等原因，场外相关技术人员需紧急进场。进场人员需在进场换衣间穿戴1次性隔离服，并佩戴头套、口罩和手套，进场期间不允许脱下以上防护措施。

二、物流管控

所有进入鸡舍的物品均需要经过有效的生物安全措施处理。进入鸡舍的物品除饲料和水外，还包括食材、兽药疫苗、转运工具、生活物资、设备以及维修工具等。

1. 食材

（1）食材的选取　食材生产及流通背景清晰、可控，无病原污染。家禽类生鲜产品禁止入场。经臭氧熏蒸30 min以上进入厨房指定位置。

（2）饭菜进入鸡舍　员工不得在鸡舍就餐，可以在鸡舍附属房就餐。如需要送饭到鸡舍附属房，饭菜容器选择不锈钢材料，每次使用前经高温消毒，盛放饭盒的容器（如泡沫箱）每次使用需提前15 min使用酒精喷雾消毒。

2. 兽药疫苗

疫苗及有温度要求的药品，拆掉外层纸质包装，使用消毒液喷淋泡沫箱外表面后，转入生产区药房贮存。其他常规药品或对温度没有严格要求的疫苗，甲醛熏蒸后，在传递间隔离3 d，转入生产区药房贮存。

3. 蛋盘、托盘等转运工具

专场专用，互相不串场，鸡场将各自的蛋盘、蛋托做好标记，以便检查。塑料蛋盘、托盘在孵化场出库前经过浸泡消毒，不能携带MS、沙门菌等病原微生物。蛋盘、托盘仅限蛋库内使用；如果蛋盘、蛋托需要进入鸡舍内，需要在种鸡场进行再次浸泡消毒后方能使用（图4-5）；纸蛋托和纸箱在生产过程中具有不可预防的细菌污染风险，故纸蛋托、纸箱不得进入鸡舍，特殊情况需要进入的，要在进入鸡舍前，将纸蛋托拆开，每个纸蛋托交叉放置，福尔马林熏蒸消毒后，方能进入鸡舍。

在种鸡场蛋库和孵化场蛋库，纸蛋托与塑料蛋盘，应分区域放置，禁止相互接触或交叉使用。如双手接触过纸蛋托，需使用酒精对手部进行消毒后，方可接触塑料蛋托。

如种鸡场蛋库为独立运行蛋库，且蛋库不使用纸蛋托，孵化场在保证生物安全的前提下，可以使用干法（如熏蒸、弥雾）对塑料蛋托、托盘进行消毒。

图4-5　蛋托浸泡消毒

4. 生活物资

生活物资可集中采购，经甲醛或臭氧熏蒸后入场，减少购买和入场频率。

5. 设备、五金

使用消毒液喷淋或甲醛熏蒸后入场区，如不能进行以上两种操作，需隔离 72 h 以上才能使用。

6. 维修工具

常用的维修设备每栋鸡舍一套，不串舍。价值较高的维修设备，每个场区一套，进鸡舍前根据物品材质选择消毒剂浸润、酒精喷淋、隔离方式消毒，使用后经清洁、消毒后移出鸡舍，放置在维修房，供下次使用。维修工具包禁止带入鸡舍。

三、车流管控

鸡场常用车辆包括料车、粪车、蛋车、淘鸡车。车辆在牧场与牧场、牧场与屠宰场、牧场与饲料厂之间流通使用，交叉传播病原风险较高，需严格管控。从最佳实践考虑，应实现以上“四车不进场”，可以有效控制疾病通过车辆进入鸡场，如果实现不了“四车不进场”，则需要执行严格的消毒措施。以华裕农业科技有限公司的“四车不进场”模式为例。图 4-6 通过中央料塔模式，实现了料车不进场。图 4-7 通过中央粪带模式，实现了粪车不进场。图 4-8 通过修建独立蛋库，实现了蛋车不进场。华裕公司为避免淘鸡过程中外部病原微生物污染鸡舍，要求淘鸡平台距离场区 2 km 以上，并至少实现 2 次安全隔离。

图 4-6　中央料塔实现料车不进场

图 4-7　中央粪带实现粪车不进场

图 4-8　独立蛋库实现蛋车不进场

四、生物流管控

生物流控制包括防鼠、防鸟、防虫 3 个主要方面，依据有害生物的生活习性和生理特点，在良好的场区硬件基础上，实施管控，最大程度降低各种疾病传播风险。

(一)防鼠

鼠是啮齿目鼠科动物的统称，全世界老鼠 2 000 余种，我国有 200 多种，褐家鼠、小家鼠和黄胸鼠是我国主要的家鼠类型，也是牧场常见鼠类。鼠类对牧场的危害主要包括 3 个方面：第一是疾病传播，老鼠可携带至少 35 种疾病，包括牧场动物疾病以及人畜共患病，对牧场人员和动物造成健康威胁；第二是饲料损耗，据统计 100 只老鼠每天可消耗 2 kg 动物饲料，一年损失饲料高达 700 kg，同时鼠类污染饲料造成弃用部分也无形中给牧场带来经济损失；第三是发生火灾隐患，老鼠有磨牙的生理特点，若啃咬电线易造成火灾发生，损失较为惨重，因此牧场鼠类防控从人畜安全、经济利益角度意义重大。

1. 老鼠的种类、习性特点

（1）常见老鼠种类及特点　牧场常见鼠类包括褐家鼠、黄胸鼠、小家鼠等，以下为其体型特点。

①褐家鼠。成年褐家鼠平均体重 200 g，背部毛棕褐色，腹部毛灰白色，尾长＜（头长＋身体长度），善于挖洞，常户外打洞栖息，怕新物（图 4-9a）。

②黄胸鼠。体型比褐家鼠略小，成年老鼠平均体重 120 g，有很多亚种，颜色多样，尾长≥（头长＋身体长度），不挖洞，筑巢多在房梁或屋顶上（图 4-9b）。

③小家鼠。平均体重 20 g，周身棕色，腹部略浅，有小牙缺，喜欢与人同住（图 4-9c）。

a. 褐家鼠　　b. 黄胸鼠　　c. 小家鼠

图 4-9　常见老鼠种类

④具体判断。牧场常见鼠类判断依据见表 4-1。

表 4-1　常见老鼠判断依据

老鼠种类	体长判定	体重	乳头数目	耳朵是否可以挡住眼睛	毛色	牙齿
褐家鼠	尾长＜（头长＋身体长度）	成鼠平均体重 200 g 左右	雌鼠乳头 6 对	耳短而厚，向前折不能遮住眼部	背部毛棕褐色，腹部毛灰白色	/
黄胸鼠	尾长≥（头长＋身体长度）	成鼠平均体重 120 g 左右	雌鼠乳头 5 对，胸部 2 对，鼠蹊部 3 对	耳大而薄，向前折可遮住眼部	腹面呈灰黄色，胸部毛色更黄	/
小家鼠	尾长≤体长	成鼠平均体重 20 g 左右	雌鼠乳头 5 对	向前折不能遮住眼部	周身棕色，腹部略浅	上颌门齿内侧，从侧面看有一明显的缺刻

(2)鼠类栖息地　家鼠喜欢在隐蔽、干燥、温暖的地方栖息，其中褐家鼠主要在建筑物底部生活，即下水道、水沟、垃圾站、绿化带等处，可以通过排水管道进入高层楼房；小家鼠喜欢在抽屉、衣柜、仓库等干燥处生存与繁衍，可自由出入大于 6 mm 的缝隙；黄胸鼠选择在建筑物顶部生存与繁衍，也可在树上建巢产仔，能够从天花板上顺着管道或线缆爬下，还可从粗糙墙面、空调管道及排气扇等处潜入室内，造成入室危害。

(3)食性特点　家鼠均为杂食性动物，褐家鼠偏荤，喜食含水量高的食物或含油脂较多的食物，甚至垃圾、人类粪便、鱼虾、昆虫和肥皂也可充饥；黄胸鼠食性偏素，同样对水分多的食物有偏爱；而小家鼠偏爱作物种子，其摄食很有特点，少量多次、时断时续，平均每天可取食 193 次之多。由此，牧场投放灭鼠毒饵可采取少量多堆、连续投放的方法。

(4)活动时间　黎明前和黄昏后为活动高峰期，特殊情况下白天也可出来活动，多见于病弱老鼠，主要在墙根、壁角等边角低矮处活动觅食，在此类地方投放灭鼠毒饵效果较好；家鼠遇到新物体，常会回避一段时间，即所谓的“新物反应现象”。使用急性灭鼠剂后，未中毒鼠会迁居其他地方一段时间后再返回，这也是灭鼠效果难以持久的原因之一。褐家鼠和小家鼠还可随农作物生产而在房屋与农田之间迁居，黄胸鼠也可在天气变冷的时候，在冷暖场所之间往返迁移。

(5)繁殖能力　老鼠繁殖能力强大，3—10 月为繁殖盛期，4、7、9 月出现怀孕高峰，每年可繁殖 6～10 次，平均胎仔数为 8.2±1.0，孕期 3 周，产后即可受孕。仔鼠 2 个半月性成熟。据观察，一对褐家鼠一年内可繁殖后代 1 500 余只。

(6)老鼠其他生理特点

①鼠类嗅觉敏感，用于寻找食物、求偶及个体间的联系。

②鼠类视力差，色盲(可据此在毒饵中加入黄绿色为警戒色)，但对光线强度变化敏感。

③鼠类味觉很敏锐，霉菌污染食物不食，因此灭鼠诱饵需要选择新鲜的饵料。

④鼠类听觉敏感，能在黑暗中判断声音来源，能听到振动每秒 1.5 万次以下的超声波，并发出超声波互相联系，而人和猫却无感应。

⑤鼠类具有非常发达的触觉，依靠触须和体表的刚毛能在黑暗中的鼠道上奔跑。

⑥鼠类跳跃能力强，善于攀爬。褐家鼠和黄胸鼠能垂直跳过 60 cm，小家鼠可跳过 30 cm，可从 15 m 高处跳下而毫发无损。

⑦鼠类善于游泳，可潜水 30～80 s 和在水中漂浮 70 h 以上。

⑧鼠类善掘洞、啃咬。家鼠门齿如人类指甲一样不停生长，需靠不断啃咬物品，磨短门齿才能取食，其门齿非常坚硬锐利，可破坏铅管、铝板等，喜啃咬木头、包裹线缆的塑料或橡胶。不明火灾中有 1/4 是因老鼠咬电线电缆造成的。

⑨鼠类记忆力强、疑心重。对不良经历，如痛苦的症状、受伤和恶味可回避数月之久，能察觉旧物体的消失或新物体的出现，生性狡猾。

2. 鸡场鼠类控制方案

鸡场鼠类控制主要通过阻止老鼠进入，清理老鼠生存条件，及时了解场区鼠类情况，持续的灭杀等措施综合防控，概括为“三围三清一测一灭”的防控方案，简称 3311 鼠类控制方案，以下为具体方案内容。

(1)“三围” 三围是指围墙、围栏、围房，是结构性生物安全的重要组成部分，也是防鼠的重要组成部分，目的是阻止老鼠进入鸡场，起屏障作用，尤其第一道围墙对于场区防鼠至关重要，围房防鼠又是栋舍实现无鼠的必要条件。

①围墙。围墙是指围绕生产区和生活区一圈的建筑结构，以下为围墙防鼠的具体要求。

围墙高度不低于 1.2 m，不能有大于 0.6 cm 以上的缝隙，新建场区墙体立柱放到内侧(图 4-10)。砖墙要求光滑，若为粗糙面增加防鼠带，材质为不锈钢或塑料材质，宽度不低于 30 cm，或围墙做 20 cm 不锈钢防鼠檐(图 4-11、图 4-12)。围墙排水沟内外加设直径小于 0.6 cm 孔径的铁丝网，可使用立体式挡水网。大门闭合后无大于 0.6 cm 的缝隙，门外设置高度不低于 0.6 m 的挡鼠板，所有门(图 4-13)保持常闭状态，使用比较频繁的门要加装自动闭门器，确保门处于封闭状态。围墙外围 50 cm 的硬化带。

图 4-10 标准围墙

图 4-11 围墙防鼠檐

图 4-12 墙角防鼠

图 4-13 大门常闭状态

②围栏。围栏是指在围墙内，将所有鸡舍围成一圈的建筑结构，围栏适合于生活区面积过大的场区，一般的场区不需要围栏。

③围房。围房是指围绕鸡舍一周，为避免鼠类进入鸡舍而采取的一系列措施，是鼠类进入鸡舍的最后一道防线，也是实现舍内无鼠的重要途径。以下为管控具体关键点。

门。鸡舍前端进门口有挡鼠板或围栏，高度不低于 60 cm，并且无大于 0.6 cm 的缝隙

(图 4-14);生产期间无需打开门即可进行密封;栋舍门套密封,确保无老鼠可以藏身、进入。

窗户。鸡舍的窗户和宿舍楼 1、2 楼的窗户,窗与窗框,以及两扇窗之间的缝隙应小于 0.6 cm;小窗根据季节使用窗纱或塑料布材质密封;需要经常开启通风的窗户,要使用孔径小于 0.6 cm 的铁纱网进行密封,防止老鼠侵入。

出粪口。出粪口是粪便离开鸡舍的通道,是鸡舍内外的重要开口,要求出粪口距离地面 60 cm 的范围,不得有超过 0.6 cm 的缝隙(图 4-15、图 4-16)。

图 4-14　鸡舍门口"U"形挡鼠板

图 4-15　出粪口距离地面 60 cm 以上

图 4-16　出粪口及风机端防鼠墙

中央蛋链。蛋链防鼠需要把整个蛋库纳入,将鸡舍和蛋库视为一个整体进行防控。

排污口。舍内使用防鼠地漏,舍外如有排污口应进行钢丝网密封,孔径小于 0.6 cm,推荐栋舍内洗澡间排水使用防鼠地漏,围墙排水使用立体式排水网(图 4-17、图 4-18)。

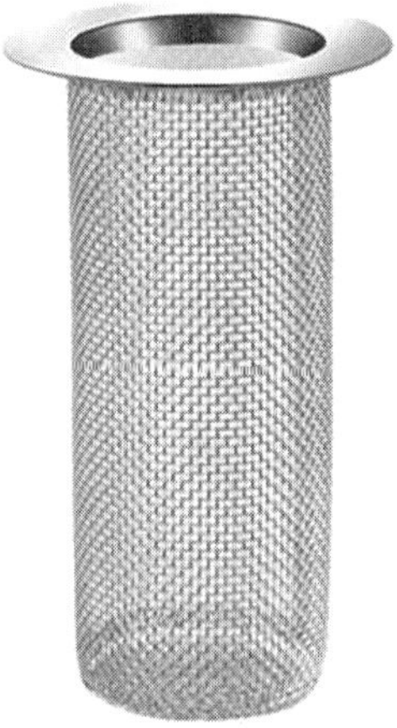

图 4-17　防鼠地漏

图 4-18　防鼠网

进舍管道。线缆管道、桥架、污水管、排风管、空调管等，这些管道以及管道和墙壁之间的缝隙，是老鼠进入场区和室内的捷径，密封要做到有效。目前使用泡沫胶直接密封的场区居多，防鼠效果不佳，建议使用管套的方式舍外密封，内部管道使用钢丝球加泡沫胶的方式密封（图 4-19、图 4-20）。

图 4-19 推荐密封方式

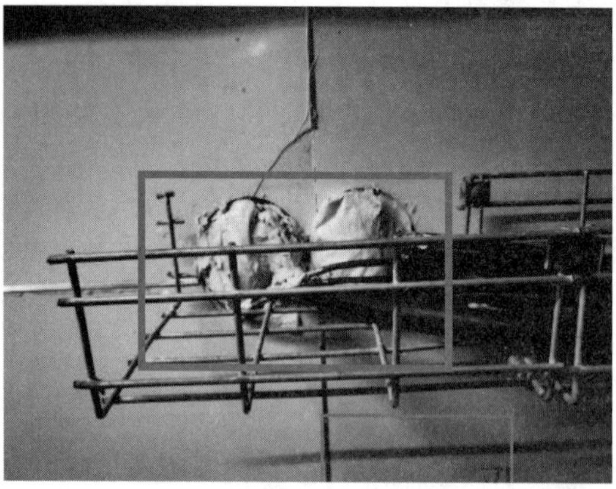

图 4-20 鸡舍内侧可以使用钢丝球填堵，泡沫胶密封

舍外立柱。鸡舍外树木、立柱起到拦截老鼠进入鸡舍的作用，可使用喇叭口或防鼠刺，应用位置包括蛋链、污道粪带支架、树木等，要求喇叭口到管线边缘不低于 25 cm，可参照图 4-21，防鼠刺使用见图 4-22。

图 4-21 喇叭口防鼠

图 4-22 防鼠刺

“三围”管控的要点是密闭性和光滑性。光滑性是指老鼠无法攀爬，密闭性是指老鼠无法进入，“三围”的管控标准对于防鼠至关重要，但场区会存在季节性的藤蔓类植物爬入，建筑结构不能有效防鼠，空舍期管控意识下降会造成防鼠的失效，因此“三围”管控每月至少需要一次全方位检查，有漏洞应及时弥补才能有效阻挡老鼠的进入。

（2）“三清” “三清”是指清食源、清水源、清栖息地，通过“三清”控制鼠类在场区内的生存和繁殖。

①清食源具体要求如下：场区无撒料，尤其是料塔下饲料，应及时清理。厨房、宿舍有食物的位置要密闭性管理，确保鼠类不能进入取食。场区污道及场区外无鸡粪，粪便池要进行密封管理，防止老鼠采食。场区外 200 m 内无垃圾站，如有垃圾站要做好密闭。场内垃圾要求密封管理，垃圾桶

要有盖子，并及时清理，以下为场区目前主要存在的垃圾桶类型与密闭方式，见图 4-23、图 4-24。

图 4-23　垃圾桶密闭管理

图 4-24　垃圾密封管理

②清水源具体要求如下：场区下雨排水通畅，下雨 24 h 后不留积水。反冲水、冲洗水、地沟水、空调水，一律不得在场内露天排放。生活污水为暗沟排放，并做好密闭和隔离，确保老鼠不能进入污水管道饮水。污水沉淀池、饮用水池要求密封管理，不得出现大于 0.6 cm 的缝隙。

③清栖息地具体要求如下：生产场区无绿植，如有裸露土地，可使用黑膜覆盖，或使用粗石子铺设路面，保证鸡舍围墙 2 m 内无绿化带，无杂草。生产场区、生活区无杂物堆积，防止老鼠藏身。注意查看鸡舍房顶有无鼠类栖身之地。场区排水沟密闭管理、老鼠不能进入；仓库、宿舍、鸡舍无大于 0.6 cm 的缝隙。

牧场在“三清”控制下容易出现的问题是积水，包括冲洗期与在养期。存放的杂物也为老鼠提供栖息地，如果饲料与厨房垃圾管控不到位也无形中会成为老鼠生存的福地，“三清”的管控要做到每一项有专人负责，定期检查排除隐患。

(3)“一测”　鼠迹的监测是指对老鼠活动痕迹进行监测，以评价场区内是否有老鼠以及老鼠密度的大小(图 4-25)。

①鼠迹种类。常见的鼠迹有多种，包括活鼠、死鼠、鼠粪、鼠爪印、鼠咬痕、鼠道、鼠洞、鼠窝、毒饵盗食等(图 4-26 至图 4-32)。

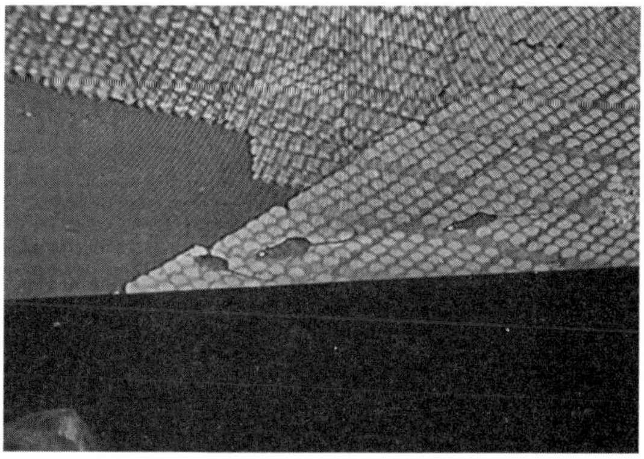

图 4-25　监控内活鼠

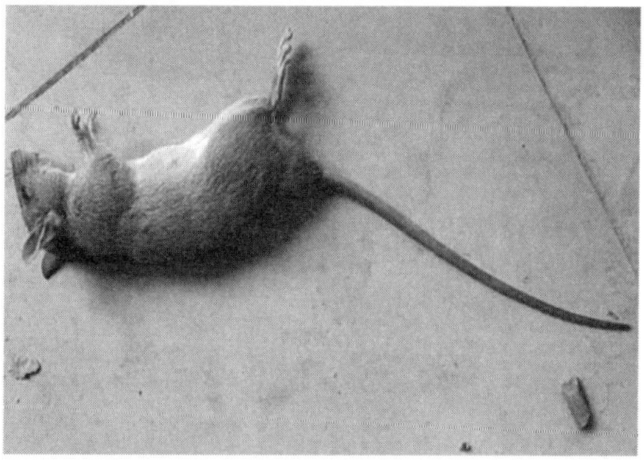

图 4-26　死鼠

图 4-27 鸡舍墙根鼠粪

图 4-28 鼠爪印

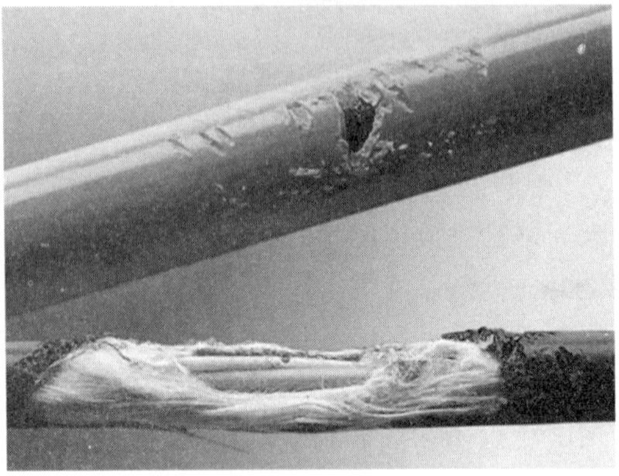

图 4-29 鼠咬痕

图 4-30 新鲜鼠洞

图 4-31 鼠窝

图 4-32 盗食毒饵

②舍内鼠迹监测常见位置。舍内鼠迹查看需要监测配电柜、电缆线、悬架管道、笼顶塑料布、捕鼠笼、横向粪沟、水帘间、附属房、诱饵点等，以下为各个位置查看要点。

配电柜。因为温暖、隐蔽、便于进出，被称为场区老鼠的“安乐窝”，因此场区内所有配电柜均需要查看，饲料厂中控室配电柜是观察重点，在配电柜观察时要注意安全，距离电线 20 cm 以上。重点观察配电柜里鼠粪、鼠尿、抓痕，观察配电柜时一定要把底盖打开，并使用手电筒。

电缆线。常常因设计、施工、后期维护等原因，电缆线成为老鼠进出鸡舍的通道，鼠类通过电缆线可以在整个场区活动，电缆线被称为场区老鼠的“高速路”。在观察电缆线时，集中检查鸡舍头端和尾端，中间的电缆线可选择性查看，各类电缆线均应查看，重点查看是否有爪印、鼠道、啃咬等痕迹(图 4-33)。

悬架管道。悬架管道位于鸡舍高处，在鸡舍内比较隐蔽，是老鼠活动的重要场所，黄胸鼠天生喜欢在高处活动，其他种类的老鼠也会因为地面隐藏地方少，而选择到悬架管道上活动(图 4-34、图 4-35)。

笼顶塑料布。对鸡舍内所有的笼顶塑料布，分前、中、后 3 个点进行观察，重点查看是否有鼠粪、爪印等痕迹(图 4-36)。

捕鼠笼。观察有无捕获老鼠。

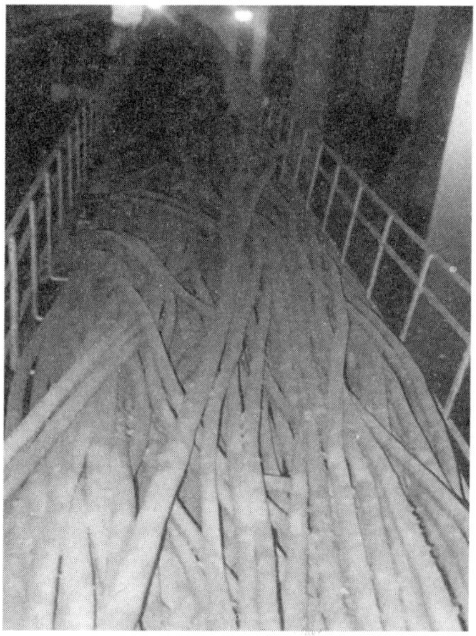

图 4-33　电缆线查看

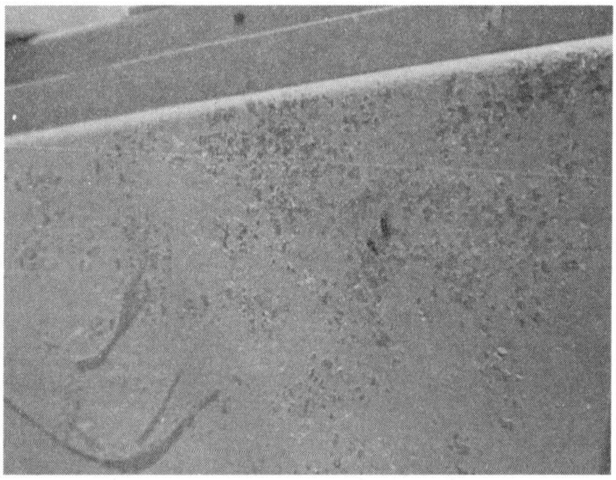

图 4-34　悬架平台发现鼠粪

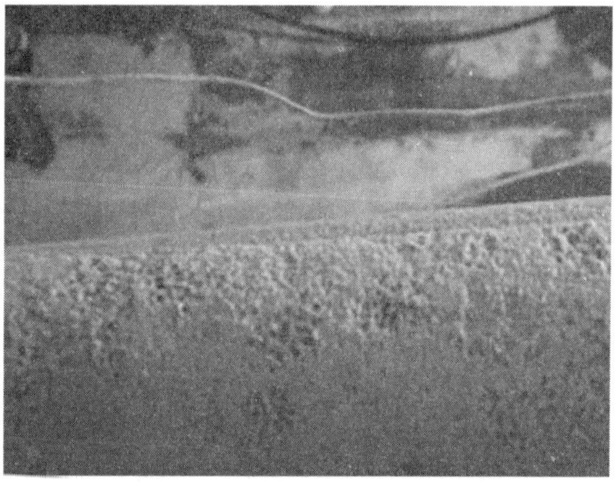

图 4-35　暖气管道发现鼠爪印

横向粪沟。位于鸡舍尾端，重点查看粪沟内有无鼠爪印、鼠粪等老鼠活动痕迹。

水帘间。观察地面、墙角、水帘纸，重点查看鼠粪、鼠洞。

附属房。包括鸡舍头端和尾端的各个附属房，包括休息室、换鞋室、清粪耳房等，重点观察墙角、床下、衣柜顶、衣柜下方、地漏等处，重点看有无鼠粪、啃咬等痕迹。

诱饵点。通过投放诱饵(可选择 20～30 颗炒熟的带壳花生)，3 d 后观察有无老鼠啃咬或缺失等。

图 4-36　鸡舍内捕鼠笼捕获的老鼠

③舍外鼠迹监测常见位置。舍外查看包括鸡舍外围、围墙内外、供水房、料塔、配电室、厨房、杂物贮存间、未硬化地面、毒饵站等。

鸡舍外围。观察进入鸡舍的电缆、管道有无鼠道、啃咬的痕迹；观察鸡舍外墙的墙根，有无鼠道、粪便等痕迹。

围墙内外。观察出水口，有无鼠道、鼠粪；观察墙根、墙角有无鼠粪、鼠洞(图 4-37 至图 4-39)。

图 4-37　排水口密封检查

图 4-38　墙根有鼠洞

图 4-39　墙角有鼠粪

供水房。观察杂物堆放处、墙根、墙角有无鼠粪、鼠洞。

料塔。观察料塔下方和料塔周围，有无鼠粪、鼠道。

配电室。观察配电柜，有无鼠粪、鼠爪印；观察电缆地沟有无鼠粪、鼠爪印。

厨房。厨房是食物充足的地方，观察厨房角落有无鼠爪印、鼠粪；观察蔬菜上有无鼠粪、鼠咬痕；观察橱柜顶层有无鼠粪、鼠爪印。

杂物储存间。鸡舍外空间或鸡舍以外其他的房间，查看角落或杂乱的地方，这些地方人较少活动的地方，老鼠喜欢这些地方，并留下痕迹，如鼠粪、鼠爪痕等。

未硬化的地面。观察土堆旁有无鼠洞；观察雨后细土层有无鼠爪印(图 4-40、图 4-41)。

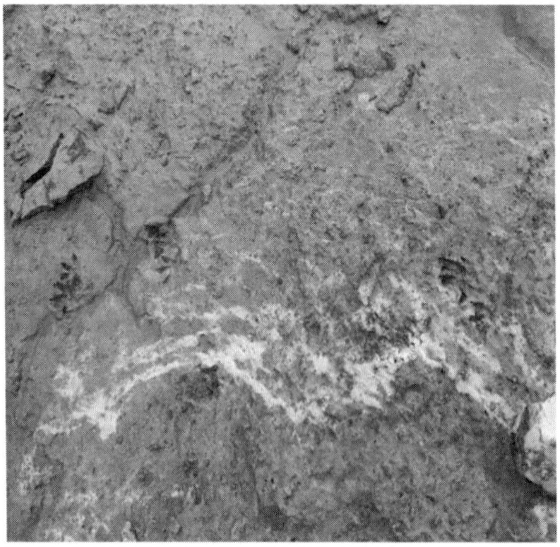

图 4-40　雨后路面鼠迹

图 4-41　鼠洞

毒饵站。观察毒饵有无鼠咬痕或丢失；观察毒饵站内是否有鼠粪、死鼠、鼠窝。

(4)"一灭"　当发现场区或栋舍有老鼠活动痕迹时，需要对场区进行灭鼠。常用的灭鼠方法为物理灭鼠和化学灭鼠。物理灭鼠主要通过捕鼠工具捕捉老鼠，并进行处死。化学灭鼠主要通过使用鼠药对老鼠进行毒杀。

①物理灭鼠产品。

捕鼠笼：主要用于鸡舍常规灭鼠使用，捕鼠笼放置要紧贴墙根，定期检查捕鼠笼的敏感性，保持捕鼠笼内的卫生。建筑物内发现有风险时，在捕鼠笼内增加诱饵(图 4-42)。

粘鼠板：一种常见的捕鼠工具，具有无色无味、安全、环保等特点，避免老鼠死于暗处发臭。当鸡舍、库房、室内发现鼠迹时，设置粘鼠板增加捕鼠概率，将粘鼠板置于老鼠经常出没的孔洞前、墙根、角落处；在鸡舍内使用时，需加上防尘罩，减缓鸡毛黏附速度，增加使用寿命(图 4-43)。

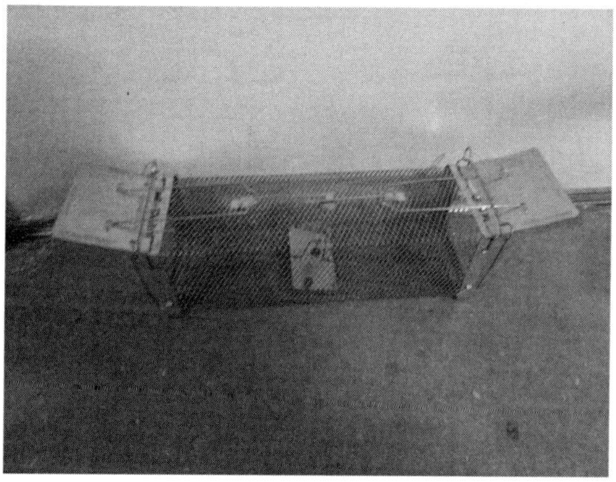

图 4-42　双开门踏板式捕鼠笼

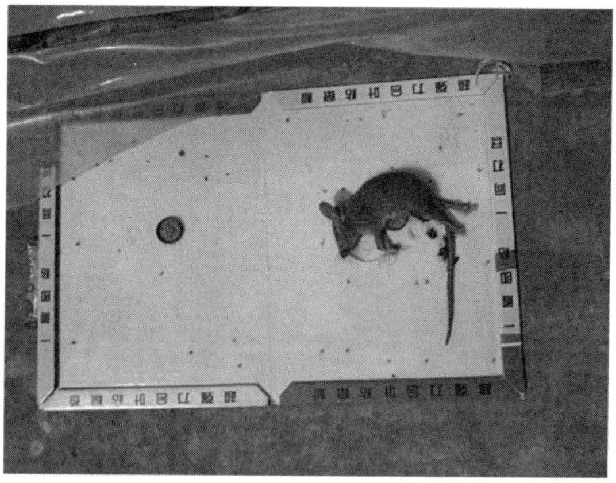

图 4-43　鸡舍内粘鼠板粘住老鼠

②化学灭鼠产品。化学灭鼠又称药物灭鼠法，它突出的优点是杀灭率高、见效快，适合于大面积及鼠害严重的场所，是养殖场、饲料厂常用方法。

常见鼠药产品有第二代抗凝血杀鼠剂和胆钙化醇灭鼠药。第二代抗凝血杀鼠剂，如溴鼠灵、氟鼠灵，通过干扰凝血过程而发挥作用，老鼠一次取食即可达到致死剂量，有较好的适口性，诱引鼠类取食，对家鼠、野鼠效果均较好，无拒饵现象。胆钙化醇灭鼠药，是绿色环保的灭鼠剂，其在老鼠体内代谢形成二羟基胆钙化醇，这种物质会增加肠道吸收钙和磷的能力，导致血液中钙含量快速提升，而高血钙浓度对鼠类的心脏、肾脏等器官会造成致命损伤，使鼠类最终因高钙血症而死亡。

常见的鼠药剂型有颗粒状、无孔蜡丸、穿孔蜡块、追踪膏 4 种。颗粒剂型，不含蜡质，适口性好，但容易受潮发霉，适合在室内活动区域投放；无孔蜡丸，含有蜡质，防潮性优于颗粒剂型，适合在室外毒饵站使用(图 4-44)；穿孔蜡块，类似蜡块，但中间带孔，便于固定在毒饵站或房顶等位置；追踪膏，适合在老鼠容易经过的各种管线上涂抹使用(图 4-45)。

图 4-44　毒饵站

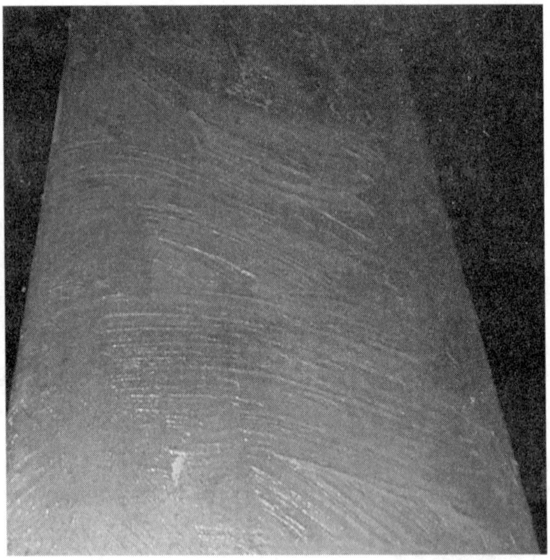

图 4-45　追踪膏涂抹在老鼠活动的区域

(二)防鸟

鸟类可自然感染或机械携带病原微生物,对场区生物安全造成影响。现已证明鸟类可携带禽流感、新城疫、传染性支气管炎、沙门菌、支原体等多种病原。对鸟类进行控制,可降低疾病发生的风险。

1.牧场常见鸟类

北方鸟类以麻雀、喜鹊、鸽子、燕子为主,也有野生鸟类存在,鸟类粪便是牧场常见的污染源,要进行重点关注(图 4-46 至图 4-48)。

图 4-46　麻雀

图 4-47　喜鹊

图 4-48　斑鸠

2.牧场防鸟工作

牧场防鸟主要策略为清食源、清水源、清栖息地,常用驱鸟工具和防污染管控。

(1)清食源　场区内任何时间和任何地点(包括料塔顶部、料塔周围、食堂厨余垃圾等)都不能有撒料或其他鸟类爱吃的食物,一经发现有撒料或鸟食,应立即收集并扔进带盖垃圾桶或密封处理,禁止归置到料塔周边的泥地或草丛里,同时应尽快消除撒料源头。

(2)清水源　生产区无露天水池,场区要求有良好的排水系统,不能有露天的积水,并保证在下雨结束后 24 h 内能够排空生产区的积水。

(3)清栖息地　控制好生产区的树木,是控制鸟类栖息地的主要手段,要求场区内不能有超过 1 m 的树木或绿植。关注建筑物顶部、房檐、钢结构缝隙处、电线等位置,不能出现方便鸟类做窝的缝隙,一旦发现应及时修缮。

(4)常用驱鸟工具　常见的驱鸟工具包括驱鸟彩条和驱鸟器。驱鸟彩条主要利用反光原理,鸟类因避光性不敢接近(图 4-49);驱鸟器利用声音鸣叫和反光进行驱鸟(图 4-50)。

图 4-49　驱鸟彩条

图 4-50　驱鸟器

(5)防污染管控　鸟类对牧场的污染主要通过粪便污染,要求生产区内无规律性鸟粪堆积,如出现鸟粪应及时清洁并消毒。为避免鸟类污染衣物,要求衣服清洗后用烘干机烘干,或在能够防鸟、防蝇的晾晒棚内晾晒。

(三)防虫

昆虫是鸡场疾病传播的潜在途径,目前对鸡场影响较大的昆虫种类为苍蝇、蚊子、暗黑甲虫、螨、蜱等,季节不同会有数量及种类的变化。现以苍蝇的防控为例介绍牧场防虫工作。

1. 苍蝇的习性特点

苍蝇是四害之一,牧场常见种类包括家蝇、丽蝇、厩螫蝇等,能携带多达 60 多种细菌。蝇是完全变态昆虫。它的发育过程分为卵、幼虫、蛹和成蝇 4 个阶段。不同蝇种的发育时间受温度和环境的影响而不同,如常见的家蝇,在 16℃时在完成整个生活史需 20 d,但在 30 ℃时只需要 10～12 d。

苍蝇携带的病菌能引起员工的消化道疾病,如痢疾、伤寒和霍乱等;呼吸道疾病,如肺结核;眼病,如沙眼、眼结膜炎;神经性疾病,如脊髓灰质炎。蝇类对养殖场的经济损失有:污染饲料、影响禽畜休息,降低其舒适度,间接造成饲料利用率降低,减少奶肉蛋的产量,同时增加动物疾病传播速度。

2. 控制数量

通过清除苍蝇生存、繁殖的基本条件，从而达到控制苍蝇数量的目的。

(1)卫生和清洁　鸡场应进行卫生和清洁管控，使该场区不易吸引昆虫。如餐厨垃圾经水过滤，使用垃圾袋密封后，投入垃圾收集站，每日清理。生活垃圾在收集、贮存、运输及处置等过程须防扬散、流失及渗漏。鸡舍内需要保持干净卫生，地面的蛋液、漏粪、霉变饲料等，每周至少清扫 2 次。

(2)鸡粪管理　鸡舍内的清粪间隔时间不能超过 3 d，鸡舍外散落的鸡粪应随时清扫并处理，该项管控也是防蝇的关键。

(3)饲料管理　温度较高时，在饲料中添加防蝇药，抑制苍蝇卵孵化。饲料撒落地上，应随时清扫并处理。

(4)湿度管理　苍蝇卵孵化适宜湿度为 65%～80%，温度为 15～35 ℃，因此减少水线和乳头漏水，减少粪便的湿度，能够减少苍蝇繁殖的机会。在雾化加湿时，要确保喷头不滴水；在冲洗地面时，要保证地面在 30～60 min 内干燥，减少水分在走道和笼底的累积。

3. 鸡舍密闭性管理

检查鸡舍可能进出苍蝇的地方，并采取措施，阻止鸡舍外苍蝇进入鸡舍，表 4-2 为推荐管控方法。

表 4-2　鸡舍防蝇处理方法

部位	存在问题	解决措施
水帘	通风入口，负压状态非常容易进入苍蝇	纱窗，孔径小于 2 mm
通风小窗	通风入口，负压状态非常容易进入苍蝇	纱窗，孔径小于 2 mm
附属房和厕所窗户	纱窗未密封处理	做缓冲间
鸡舍后门	开门时负压会产生吸引力进苍蝇	做缓冲间
侧墙风机口	需要密封防止苍蝇进入	加密封罩
出粪口	出粪时易进苍蝇	安装密闭装置
风机口	不启动时未保持密闭	不启动时保持密闭
鸡舍门	未保持密闭	自动闭门器

4. 灭杀

通过物理和化学两种方法对苍蝇进行灭杀。

(1)物理灭杀

粘蝇纸捕杀：将粘蝇纸放于成蝇密度高的位置，如鸡舍、仓库、办公室、宿舍等位置，市售粘蝇纸内一般已经加入引诱剂。

灭蝇灯捕杀：利用紫外线灯(波长 265～365 nm)引诱苍蝇，用高压电网(3 000～4 500 V)杀灭苍蝇，一般用在餐厅、办公室等位置。

(2)化学灭杀　在苍蝇活动区域的物体表面喷洒化学杀蝇剂，常见的产品有氯氰菊酯、噻虫嗪等，当苍蝇落在喷有灭杀剂的物体表面时，通过胃杀和触杀两种方式对苍蝇起到灭杀的作用。引诱型产品如吡虫啉类产品,可将药品放在食盘内或涂抹在光滑纸板上,放在苍蝇出没处,也可以涂抹在苍蝇驻足的物体表面进行诱杀。

五、空气流管控

空气传播是大部分病原体的主要传播途径,病毒、细菌、支原体等微生物依附在细小微粒上进行传播,造成疾病的暴发与流行。空气中的微生物与微粒有直接关系,凡是能使微粒数量增加的因素,都可以使微生物的数量随之增加。因此畜禽舍内空气的管控主要包括空气中微粒控制与空气中微生物控制两个方面。

1. 微粒概述

(1)微粒的来源及卫生标准 微粒是空气中存在的微小固体与液体颗粒的统称。畜禽舍中的微粒,少部分由外界空气带入,大部分来自饲养管理过程,如分发饲料、打扫畜禽舍、畜禽活动等。

畜禽舍空气中微粒的多少可以用密度法或重量法来表示。密度法是指每立方米空气中的微粒数,用粒数/m^3表示。重量法是指每立方米空气中所有微粒的质量,用 mg/m^3表示。使用密度法测定,畜禽舍空气中微粒一般在 $10^3 \sim 10^6$ 粒/m^3。畜禽场环境质量标准中使用重量法测定,标准如表 4-3 所示。

表 4-3 养殖场不同区域空气微粒重量法测定要求标准

序号	项目	单位	缓冲区	场区	舍区		
					禽舍	猪舍	牛舍
1	PM_{10}	mg/m^3	0.5	1	4	1	2
2	TSP	mg/m^3	1	2	8	3	4

注:①PM_{10}:可吸入颗粒物,空气动力学当量直径≤10 μm 的颗粒物。
②TSP:总悬浮颗粒物,空气动力学当量直径≤100 μm 的颗粒物。
③表中数值皆为日均值。

(2)微粒的危害 微粒对畜禽最大的危害是呼吸系统受损,粒径大于 10 μm 的微粒会阻留在鼻腔内,对鼻黏膜产生刺激作用,若微粒上附有微生物,可导致动物感染。粒径 5~10 μm 的微粒可达气管或支气管内,导致畜禽患气管炎或支气管炎。粒径小于 5 μm 的微粒可达动物肺部,造成肺炎。当畜禽舍内湿度较大时,微粒上还可吸附氨、硫化氢等有害气体,进入动物呼吸系统后会引起更严重的黏膜损伤,为病原微生物的入侵创造有利条件。此外,大量微粒落到皮肤或结膜上,对皮肤或结膜造成刺激,严重的可导致动物皮炎或结膜炎。

2. 微粒的控制

(1)入舍空气中微粒的控制 进风口是外界微粒进入畜禽舍的主要位置,可采取空气过滤的方式阻止外界微粒进入栋舍,同时也可以有效阻断病原微生物的传播途径,降低动物的发病概率。空气过滤设备根据过滤粒径大小分为初效过滤(过滤直径>5 μm)、中效过滤(过滤直径>1 μm)、亚高效及高效过滤(过滤直径>0.3 μm)。过滤设备与畜禽舍通风设备结合使用,形成正压过滤通风、负压过滤通风等形式。正压过滤通风是在进风口增加过滤设备的通风方式(图 4-51)。鸡舍使用正压过滤通风实验表明,用初效和高效两组过滤设备,总过滤效率为

90%，可有效阻断病原微生物的传播。

图 4-51 河北华裕祖代场采取正压通风过滤消毒系统，对空气进行净化

负压过滤通风是在进风口增加过滤器和在出风口增加防回风装置。过滤系统主要由防虫防尘网、防护卷帘、过滤墙、吊顶过滤及防回风布袋 5 部分组成(图 4-52)。防虫防尘网在进风口最前端，起到过滤蚊虫和大的灰尘的作用。过滤墙是夏季通风时配合湿帘使用的，各场区可根据防疫级别的不同选用不同的过滤方式，如母猪舍过滤墙可采用部分过滤方式，即 G4 级别的过滤方式，公猪舍采用 G4＋F9 级别的过滤方式。防护卷帘安装在过滤墙前端，主要目的是保护过滤墙的过滤主材，让其在不使用时免受风沙及气溶胶的污染。吊顶过滤系统主要是用于冬季通风过滤，位于吊顶小窗上部。防回风布袋作用主要是在风机停止使用时防止风沙倒灌。

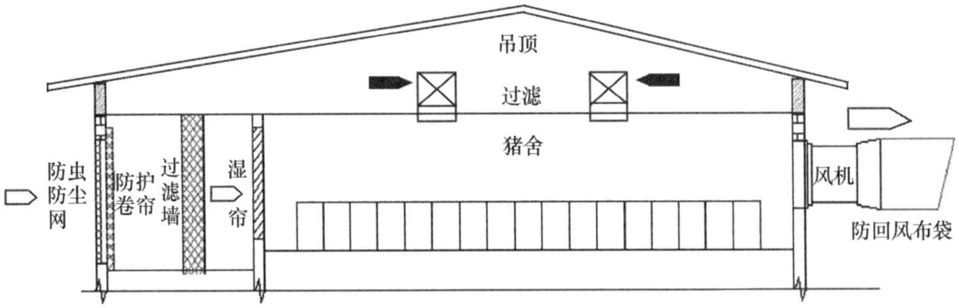

图 4-52 负压通风模式的空气过滤系统示意图

(2)舍内空气中微粒的控制

增加通风速率。通风可有效降低舍内微粒浓度，机械通风比自然通风效果更佳。

喷雾。微粒与雾化水滴碰撞后会黏附在水滴表面或被水滴包围，湿润凝集成重量较大的颗粒，并借助重力加速沉降。

过滤除尘。过滤装置也可用于畜舍内除尘，使用空气过滤器进行舍内空气再循环过滤。

控制饲料粉尘。增加颗粒料的使用，或在料斗增加盖板，以减少打料产生的粉尘。

清除降尘。清洁地面时先洒水再压低扫把清扫；笼具、墙壁可用湿抹布擦拭；每天冲洗笼底地面。

(3)出舍空气中微粒的控制　控制排除舍内空气中的微粒，可以降低病原微生物载量，减少疫病在场区中的交叉感染概率。

生物质过滤器。生物质过滤器的原理是在排风机的后面设置水平或垂直的过滤间，借助排风机的压力使排出空气通过秸秆等生物质材料，清除排出气流中的微粒、有害微生物和恶臭。

挡尘墙。挡尘墙一般位于排风扇后 3～10 m，高 3～5 m 处。挡尘墙工作原理是在风机排风气流附近设一个大的开放式沉降室，改变排出气流的方向与流速，使排出气流中的多数微粒沉降在挡尘墙以内，这也同时清除了附着于微粒上的恶臭化合物和病原微生物。

3. 微生物概述

(1)微生物来源与测定方法　空气中的微生物可在微粒上附着并生存，凡是使空气中微粒增多的因素都可以使微生物数量随之增多。动物感染传染性疾病可通过喷嚏、咳嗽等方式将病原微生物散播于空气中，并传染给其他动物。一般可以使用柯赫氏沉降法来测定空气中微生物的数量，具体方法是：将盛有固体培养基的培养皿放置在距离地面一定高度的位置，打开培养皿盖并暴露一定时间，加盖进行培养、计数。这种方法只能大致说明空气中微生物污染的情况，精确度较低。一般认为 5 min 内 100 cm^2 表面上沉降的微生物数量是大约 10 m^3 空气中微生物的数量。

(2)微生物传播方式与危害　空气中病原微生物可黏附在飞沫和尘埃两种不同微粒上进行传播。在流行病学方面，飞沫传播比尘埃传播更重要。

飞沫传播。动物咳嗽、喷嚏、鸣叫、打响鼻时可以喷发大量飞沫，如果动物患有呼吸道传染病，飞沫中会存在大量病原微生物。直径较大的飞沫(直径＞5 μm)会很快降落到地面上，90％以上的飞沫直径小于 5 μm，可以长时间飘浮在空气中，从而导致相应病原菌的传播。大部分飞沫在空气中迅速蒸发形成飞沫核，直径 1～2 μm，并且飞沫核中含有有利于微生物生存的黏液素、蛋白质和盐类，因此飞沫核可以长时间飘浮在空气中，气流也可以将其带到更远的地方，形成更广泛的传播。

尘埃传播。各种微粒上都可附着病原微生物进行尘埃传播。一般通过尘埃传播的病原体对外界环境抵抗力较强，如结核菌、链球菌、芽孢杆菌、鸡马立克病毒等。

4. 空气中微生物控制

(1)选择和设计适宜的饲养场　科学选址，要求地势高燥，背风向阳，有一定缓坡，便于通风、采光和排水。远离传染源与人口聚集地，不可在化工厂、屠宰场等易产生环境污染企业的下风向或附近。场内合理分区规划，人员、畜禽、物料、废弃物等运输应采取单一流向，防止污染和疫病扩散。

(2)坚持通风换气和定期消毒　一方面通风换气可排除舍内微粒及有害气体，另一方面通风换气可以减少舍内潮湿(潮湿的环境有利于微生物的生长和繁殖)。应定期向场内道路和舍内空气中喷洒消毒液，降低病原微生物载量。

(3)采用“全进全出”的转群模式　畜禽出场后对栋舍进行彻底消毒，间隔两周后，再转入新的一批畜禽。

(4)有效清除排泄物及废弃物　及时清除粪便和污浊垫料，搞好畜禽舍的环境卫生。

六、废弃物无害化处理

1. 种鸡场死鸡处理

每日由舍内固定人员在鸡舍内巡查，将异常鸡上报，病死鸡捡出，捡出时需记录笼号，通过病死鸡出入口传输到污道，由该场专职兽医剖检病死鸡情况，并详细记录，非传染病鸡可直接放入深埋井内处理；传染病鸡经相关机构鉴定，根据相关要求做好无害化处理。病死鸡严禁出售和随意丢弃，应及时清理并放置在指定位置，统一收集进行无害化处理。

2. 粪便处理

畜禽养殖过程中产生的粪、尿和污水等，应严格按照农业农村部办公厅、生态环境部办公厅联合制定的《畜禽养殖场(户)粪污处理设施建设技术指南》文件要求执行。按照畜禽粪污减量化、资源化、无害化处理原则，通过清洁生产和设施装备的改进，减少用水量和粪污流失量、恶臭气体和温室气体产生量，提高设施装备配套率和粪污综合利用率。重点围绕生产沼气、沼肥、肥水、堆肥、沤肥、商品有机肥、垫料、基质等以资源化利用为目的的处理方式，兼顾作为场内生产回冲用水、农田灌溉用水和向环境水体达标排放等处理方式，规范建设标准，科学建设畜禽粪污处理设施设备，促进污染防治与畜牧业协调发展。

在养鸡过程中，鸡粪在鸡舍长时间堆积会产生大量氨气，对鸡呼吸道黏膜造成伤害，影响机体黏膜免疫力，同时鸡粪中的球虫卵囊在鸡舍获得充分发育的时间，成为感染性卵囊。另外，鸡粪得不到及时清理，鸡舍及周围空气污浊，招来苍蝇、老鼠及其他有害生物。鸡舍内的粪便，一般每周清理 2～3 次为宜。

3. 医疗废弃物处理

医疗废弃物是指在医疗、预防、保健以及其他相关活动中产生的具有直接或者间接感染性、毒性以及其他危害性的废物。其处理应严格遵循《医疗废物管理条例》和《中华人民共和国动物防疫法》等相关法规要求实施。

过期的活疫苗经煮沸后交给有合作协议的、具有医疗废弃物处理资质的公司集中处理，或其他无害化处理措施，严禁将活疫苗或活疫苗瓶子随意丢弃。

冻干疫苗用品，免疫前配置好消毒液；待疫苗配置完成后，将疫苗瓶丢进消毒桶，进行消毒处理；免疫结束后剩余药液及时丢入消毒桶，不得存放及随意丢弃和使用。免疫用具及时进行开水浸泡等待下次使用或者消毒处理后进行焚烧。

灭活疫苗瓶，在注射完毕后，要进行集中焚烧处理，不得存放在生产、生活区域，免疫完毕后的工具应及时清洗干净，并进行高温消毒，等待下次使用。

兽药、保健品包装袋在使用完毕后，应进行焚烧处理。

七、养殖场生物安全追溯体系的建立

1. 组建团队

牧场需制订《生物安全管理手册》，建立生物安全管理体系。涉及生产各个组成单元，要有公司主要负责人牵头，通过每月自查，每季度质量部监察，每半年生物安全小组大检查的形式，不断完善，并制订详细的培训计划，保证生物安全管理制度有效运行和持续改进，同时生物安全可追溯体系也逐步完善。

2. 畜禽标识的佩戴与管理

为了规范畜牧业生产经营行为，加强畜禽标识和养殖档案管理，建立备禽及畜禽产品可追溯制度，有效防控重大动物疫病，保障备禽产品质量安全，农业部于 2006 年 6 月发布了《畜禽标识和养殖档案管理办法》，自 2006 年 7 月 1 日起施行。

3. 养殖档案的填写与管理

畜禽养殖场养殖档案及种畜个体养殖档案格式由农业农村部统一制定。畜禽养殖场、养殖小区应当依法向所在地县级人民政府畜牧兽医行政主管部门备案，取得畜禽养殖代码。畜禽养殖代码由县级人民政府畜牧兽医行政主管部门按照备案顺序统一编号，每个畜禽养殖场、养殖小区只有一个畜禽养殖代码。畜禽养殖代码由 6 位县级行政区域代码和 4 位顺序号组成，作为养殖档案编号。

4. 常见重大疫病无疫小区建设

按照《陆生动物卫生法典》中的定义，无疫小区又称生物安全隔离区，是指在一个国家或区域以保障国际贸易或预防和控制动物疫病为目的，通过统一的生物安全管理系统，将饲养在一个或多个养殖场的动物亚群与其他易感群体隔离，对规定的一种或多种特定动物疫病采取必要的监测、生物安保和控制的区域化管理方式。

第五章
生物安全技术

一、卫生

卫生是最基础的生物安全。不论场区大与小、新与旧，都必须做好卫生管理。牧场在日常卫生管理方面为便于规范管理，可导入“5S”管理模式，通过日常检查评估，持续提升现场管理水平。“5S”起源于日本，因为5个词日语中罗马拼音的第一个字母都是“S”，所以简称“5S”。

“5S”是整理(Seiri)、整顿(Seiton)、清扫(Seiso)、清洁(Seiketsu)和素养(Shitsuke)这5个词的缩写。整理是指区分物品的用途，清除多余的东西；整顿是指物品分区放置，明确标识，方便取用；清扫是指清除垃圾和污秽，防止污染；清洁是指环境洁净制定标准，形成制度；素养是指养成良好习惯，提升人格修养。

1. 生活区5S管理

包括生活院、办公室、宿舍、厨房、浴室、卫生间、垃圾管理与收运等。

(1)生活院　卫生分区，各区设立卫生负责人，各区之间合理衔接确保卫生区清洁无死角，无积水(下雨天除外)。实现两个“只有”，即生活区大院内只有垃圾桶，不允许有其他物品摆放，花池内只有土，不能有碎纸屑、烟头、铁片、塑料管等垃圾(图5-1)。

(2)办公室　各自负责办公室内的卫生清扫、清洁，达到地面清洁，墙壁洁白，室内无蜘蛛网，门窗洁净，办公桌、会议桌、文件柜等干净整洁，室内物品摆放整齐，墙壁张贴文件保持整洁(图5-2、图5-3)。

图5-1　生活院

图5-2　会议室

图5-3　文件柜

(3)宿舍　员工宿舍做到每日打扫，保持室内窗明地净；宿舍内桌椅摆放整齐，床铺整齐干净、被褥叠放整齐，物品摆放整齐；个人生活用品使用完毕后放到指定的地方，摆放整齐；宿舍内不存放垃圾，无多余物品存放；宿舍每周2次专人负责消毒、灭蝇、灭蚊工作(图5-4)。

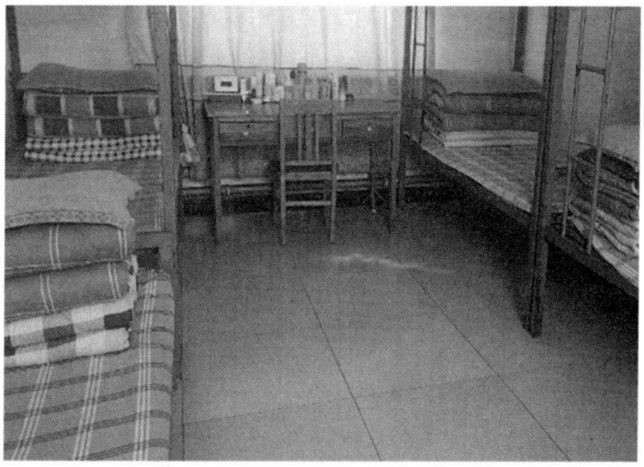

图5-4　员工宿舍

(4)厨房　厨师每年进行身体检查，持健康证上岗；厨师做饭期间必须戴帽、戴口罩，并保持清洁整齐，勤洗手；厨师个人卫生必须做到“五”勤：勤换衣服、勤洗澡、勤理发、勤剪指甲、勤洗被褥。厨房卫生坚持每天一小扫，每周一大扫，杜绝蚊蝇滋生；清洗食材必须按照初洗、精洗、清洗过程严格分开，未精洗的食材不得烹饪，食材只能在厨房洗切，禁止到其他场所操作；厨房所用抹布禁止使用水房洗衣机清洗，菜板、蒸箱、压面机及厨房死角，应注意清扫，防止残留食物腐蚀；食材应在工作台上操作加工，生熟食物分开处理，刀、菜墩、抹布等保持清洁；食物应保持新鲜、清洁、卫生，装在带盖容器内分别储存在冷藏或冷冻冰箱，勿将食物在常温中长时间暴露；调味品应用适当的容器装盛，使用后随即加盖，所有器皿均不得与地面或污垢接触；工作台、炊餐用具，做到使用前后进行清洗消毒；各类食物、用具分类摆放有序，表面整洁、干净、无污渍，工作台面干净整洁；配备带密封盖的垃圾桶，垃圾每餐清理；做好灭鼠、灭蝇、灭蟑螂工作，做到无鼠迹、蟑迹，无蝇蛆滋生(图5-5、图5 6)。

图5-5　厨房

图5-6　餐厅

(5)浴室　浴室内的更衣柜摆放整齐，柜顶部禁止放任何东西；拖鞋要求整齐的摆在鞋架上，不允许在浴室的地面出现鞋和盆等物品；浴室的墙壁上无大片污点，毛巾架保持干净，禁止存放洗漱用具、纸片、塑料袋等垃圾(洗漱用品用完后放在自己的柜子里)；工作服放在指定衣柜内；下班后将需要清洗的工作服放在指定的消毒桶内，工作鞋放在鞋架上，禁止往地面乱放；浴室干净整洁，地面干净无水、无泥、无异味(图5-7)。

(6)卫生间　要求每天打扫，墙镜干净明亮，洗漱台和洗漱池干净洁白，墙壁与隔板上无污点，便池洁白无污点，卫生间无臭味。禁止随地吐痰、乱丢垃圾，打扫卫生不留死角。

(7)垃圾管理与收运　分布在场区公共区域内的大垃圾桶由门岗负责倾倒、消毒;各部门产生的垃圾、废弃物,应当按照规定的地点、方式倒入垃圾桶或垃圾指定堆放区域;垃圾桶表面清洁、内套垃圾袋,垃圾不能超过垃圾箱的最大容量;不准脚踩、脚踏垃圾桶,不准磕、砸垃圾箱,做到文明使用,如发现损坏,应立即上报维修;垃圾箱表面不准有痰迹、粘贴物等;垃圾箱中不许扔放金属尖锐物品、水等可能对垃圾箱有损坏的物品或者液体。做到三个“禁止”:禁止在生活区公共场所倾倒、堆放垃圾;禁止将卫生责任区内的垃圾扫入公共区域;禁止随地吐痰、乱扔果皮、纸屑、烟头等各种垃圾(图 5-8)。

图 5-7　浴室

图 5-8　垃圾箱

2. 生产区“5S”管理

生产区“5S”管理包括生产场区卫生、鸡舍卫生、栋舍间卫生、蛋库、解剖室、附属房、污道等。

生产场区卫生　道路干净、无积水、无杂物、无垃圾,各栋鸡舍门口除了垃圾桶和消毒盘之外,不允许放任何东西,栋舍间禁止存放杂物、易燃物品等(图 5-9)。

图 5-9　生产场区

鸡舍卫生 地面卫生清洁(每两天清理鸡粪1次;每次清理完鸡粪后清除笼架卫生,墙壁上的粉尘和鸡毛;将鸡笼底部的鸡毛和粉尘清理到相应过道的中间;用长拖把清理过道上的灰尘、鸡毛和其他废弃物,每7组一个堆置点,将各堆置点的灰尘、鸡毛和其他废弃物清理到鸡舍末端粪带等)、地面冲洗(清扫地面后进行冲洗,以不积水为原则,定期冲地面,每周冲洗2次)、鸡舍灰尘清理(以日、周为周期,安排鸡舍卫生清理工作;灯线、灯泡采用干抹布清洁,电缆使用扫帚轻扫,其他包括料槽、蛋网、鸡笼、集蛋系统、水线调压阀及末端等使用湿抹布进行清洁,减少灰尘扬起的概率;鸡舍末端包括料箱、风机防护网、清粪系统末端、水线末端、地网、楼梯、遮阳网等使用扫帚清扫等,如图5-10至图5-12所示)。鸡舍卫生清扫标准见表5-1。

图5-10 人工清理水线

图5-11 自动清理灰尘

图5-12 舍内加湿控制灰尘

表 5-1 鸡舍卫生清扫标准

项目	单个用时	数量	操作频率	标准
墙面	50 min	4	1次/月	无絮状物
地面	35 min	5	1次/2 d	鸡毛较少和无明显积尘
钢格板	50 min	6	2次/月	无絮状物悬挂;无鸡毛堆积
蛋盘	60 min		清1次/3 d 洗1次/2周	鸡毛灰尘堆积不得超1/2;无发臭破蛋
提升机	30 min	4	擦1次/周 洗1次/月	托蛋杆无灰尘、无破蛋液、无发霉
水壶	5 min	16	1次/月	无发霉
水线	10 min	16	2次/月	微生物检测合格
蛋带、缓冲线	30 min	32	2次/月	无鸡毛、无灰尘
料车、平料器	5 min	16	2次/月	料车无灰尘堆积;平料器无霉料
风机	10 min	14	2次/月	铁丝网无鸡毛;百叶窗无积尘
空压机	5 min	1	1次/月	无灰尘
气缸	5 min	8	1次/月	无较厚积尘
灯线、灯泡	40 min	10	1次/月	无灰尘影响光照
进风口、料车电机	5 min	22	1次/月	无积尘
过滤器	5 min	4	2次/月	无杂质、无绿藻
尾端小车	1 min	64	1次/周	无灰尘、无霉料
粪带中间鸡毛	10 min	16	1次/周	无灰尘鸡毛结块

栋舍间卫生　要求清洁、无杂物。

蛋库　蛋库内物品分区域存放，垃圾放入指定垃圾桶内(密封、不露天)；地面、墙面、屋顶洁净，无灰尘、无蛋液；机器设备、装蛋蛋托与蛋盘洁净、光亮(图 5-13 至图 5-15)。

图 5-13　蛋库内物品摆放

图 5-14　设备清洁

图 5-15　标识清晰

解剖室　物品摆放整齐，地面、墙面干净，房间内无苍蝇、无鸡毛、无尸体残留(图 5-16)。

图 5-16　解剖室

附属房　物品摆放整齐、分类放置，地面、墙面干净，房间内无苍蝇(图 5-17)。

图 5-17　附属房

污道　区域内无杂物、地面干净无鸡粪堆积、无污水(图 5-18)。

图 5-18　污道

3.场区外围"5S"管理

场区外围主要包括通往鸡场道路以及围墙外 1 m 区域。

通往场区道路干净、无污水沉淀、无粪污抛洒,围墙四周 1 m 范围内无杂物堆积、无污水区域、无杂草生长、无高树(图 5-19)。

图 5-19 场区外围

二、隔离

隔离是一种非常有效的生物安全措施,将患有传染病的鸡或可能感染传染病的鸡群与健康的鸡群分开,限制健康鸡饲养管理人员、物品与患病鸡群相关人员、物品接触,这些限制行动、防止交叉接触的措施称为隔离。

隔离的目的是阻断传播途径,控制疾病的传播,保护健康鸡群免受感染,防止疾病进一步扩散和蔓延。隔离包括鸡的隔离、人员的隔离、物品的隔离、车辆的隔离。隔离的整体原则为"非必要不进场,若进场必可控,特殊项特殊控"。一般情况根据鸡群的生物安全风险从大到小,将鸡群分为发病鸡群、特定病原阳性鸡群和特定病原阴性鸡群。鸡的隔离是指通过对鸡群生物安全风险进行评价,阻止生物安全风险较大的鸡群进入生物安全风险较小的鸡群。

人员的隔离包括两个方面:一方面养殖人员在日常生活中应远离风险,避免携带病原微生物;另一方面当存在风险时,可通过在指定区域隔离一段时间,在隔离期间通过洗澡、更衣、病原菌自然死亡,使人员风险达到可控状态后再进入养殖场。物品的隔离是指阻止具有生物安全风险的物品进入场区与健康动物接触。车辆的隔离是指车辆不进入场区,避免车辆携带的病原微生物污染场区,车辆的隔离可以通过"四车不进场"来实现,即通过中央料塔和料线实现料车不进场、通过中央粪带实现粪车不进场、通过独立蛋库实现蛋车不进场、通过中央传输带或场外淘鸡实现淘鸡车不进场。

三、消毒

消毒是指杀灭或清除传播媒介上的病原微生物,使其达到无害化的处理。消毒剂是用于杀灭传播媒介上的微生物使其达到消毒或灭菌要求的制剂。不同种类消毒药的作用机制是不相同的,主要包括以下 3 种:使病原微生物的蛋白质凝固变性而导致病原体死亡;干扰病原微生物的酶系统,破坏其正常代谢而导致病原体死亡;改变病原微生物细胞膜的通透性,使其细胞内容物大量流失,引起细胞溶解破裂而导致病原体死亡。

1.消毒剂的分类

养殖场常用的消毒药种类包括醛类、过氧化物类、卤素类、季铵盐类、醇类等。

(1)醛类消毒剂　醛类消毒剂是高效消毒剂,常见的有甲醛、戊二醛以及醛的复合物。醛类消毒剂是使用最早的一类化学消毒剂。甲醛的液体和气体均具有较好的杀灭各种细菌和细菌芽孢以及杀灭病毒的作用,因此甲醛成为第一代化学灭菌剂。

醛类消毒药的作用机理是产生的自由醛基在适当条件下与微生物的蛋白质及某些其他成分发生反应,通过凝固蛋白杀灭病原微生物。甲醛的突出优点是价格低,杀菌效果可靠,对物品损坏轻,其缺点是具有浓烈的刺激性气味,当人或动物长期暴露于一定浓度的环境下时,会对身体健康产生不良影响。在多种场景下,戊二醛是甲醛的主要代替物。戊二醛具有高效、广谱杀灭微生物的作用,可杀灭各种细菌繁殖体、结核分枝杆菌、真菌、芽孢杆菌、病毒等。戊二醛具有腐蚀性低,使用方便的优点,广泛用于器械的消毒和灭菌。

(2)过氧化物类消毒剂　过氧化物类消毒剂是高效消毒剂,包括过氧乙酸、过氧化氢、臭氧等。过氧化物类消毒剂属于穿透型杀菌模式,消毒效果最好,过氧化物类消毒剂主要依靠本身的强氧化能力,起到对微生物的灭活作用。该类消毒剂的缺点是腐蚀性较强,在使用中,应充分评估对消毒物品的损害,并做好安全保护。

(3)卤素类消毒剂　卤素类消毒剂包括含氯消毒剂、含碘消毒剂和含溴消毒剂。其中含氯消毒剂应用最为广泛,在养殖生产中主要使用的含氯消毒剂有漂白粉、次氯酸钠、漂白粉、二氯异氰尿酸钠等。该类消毒剂具有消毒效果好、价格低、安全易分解等优点,同时具有稳定性差、腐蚀性强、受到有机物影响较大等缺点。

(4)季铵盐类消毒剂　季铵盐类消毒剂主要是通过聚集在微生物表面改变渗透性,导致病原微生物溶解破裂或渗透到微生物体内使蛋白质变性与破坏酶系统来杀灭病原微生物。养殖生产中常用的代表性产品有苯扎氯铵、苯扎溴铵、癸甲溴铵等。该类产品具有刺激气味小、无腐蚀性、受有机物影响较小等优点,同时具有对病毒杀灭效果较差的缺点。常与戊二醛类联合使用,增强使用效果。

(5)醇类消毒剂　醇类消毒剂为中效消毒剂,对细菌繁殖体、放线菌、真菌及病毒均有杀灭作用,但不能杀灭细菌芽孢,在生产实践中主要用于皮肤的消毒。常用的醇类消毒剂主要有75%乙醇。乙醇能对微生物起到脱水作用,随即迅速渗入菌体细胞内,使蛋白质变性、沉淀,破坏细胞壁和细胞膜的结构和功能,使细胞内容物漏出,最终导致微生物死亡。同时能够抑制细菌酶系统,阻碍其正常代谢,加速消毒过程。过高浓度的酒精会在细菌表面形成一层保护膜,阻止其进入细菌体内,难以将细菌彻底杀死。若酒精浓度过低,虽可进入细菌,但不能将其体内的蛋白质凝固，同样也不能将细菌彻底杀死。

(6)其他类消毒剂　除了以上介绍的消毒剂种类外，还有一些消毒剂，如酸类消毒剂、碱类消毒剂等；酸碱类消毒剂一般都具有较强的杀菌或抑菌作用，但由于其通常有比较强的腐蚀作用，所以此类消毒剂的应用范围会受到一定限制。

2. 常见区域消毒

常见区域的消毒包括生产区消毒、附属房消毒、带鸡消毒、水线消毒、空舍期消毒等。

(1)生产区消毒　生产区消毒主要是指人或车辆经过的道路或区域。每周 2 次，遇到刮风天气或周边疫情风险较高时，可调整为每天 1 次。

(2)附属房消毒　附属房包括办公室、洗澡间以及与鸡舍相连的功能房。每天使用消毒液对地面拖地 1 次或使用喷雾器喷雾消毒 1 次。

(3)带鸡消毒　鸡舍内可采用拖管式消毒方式消毒，消毒用机器可采用高压清洗机。高压清洗机应选择合适的压力，压力过大不利于消毒。推荐选择电压 220 V，流量 12 L/min，工作压力 2～8 MPa。高压管选择黄色胶管方便拖拉。喷枪选择 30 型防风喷枪，推荐工作压力为 6～8 MPa(图 5-20)。

消毒液可选择 50%癸甲溴铵、50%苯扎溴铵、10%过硫酸氢钾等刺激性气味较大的消毒液。

图 5-20　带鸡消毒

(4)水线消毒　水线消毒包括水线浸泡以及水线中添加消毒剂两个方面。详细操作见饮水安全。

(5)空舍期消毒　空舍期消毒是指在鸡舍内及鸡舍外污道等冲洗干净无粪渣无杂物，然后对场区内做彻底消毒，包括鸡舍内消毒，鸡舍外附属房的消毒及生活区宿舍和外围道路的消毒。详细操作见空舍安全。

四、免疫

疫苗免疫是疾病防控的最后一道防线。良好的免疫基础是保证动物生物安全的重要途径。

1. 免疫程序的制定

免疫程序是指根据一定地区或养殖场内不同疫病的流行状况、市场可获得的疫苗种类和特性，为特定动物群制订的免疫接种方案，免疫接种方案应包括所用各种类疫苗接种日龄、顺序、用法、用量以及各种疫苗的商品名、所含毒株、生产厂家等。免疫程序不是统一的或一成不变的，是根据不同动物或不同疫病的流行特点和生产实际情况，充分考虑本地区常发或威胁大的疫病的分布特点、疫苗类型及其免疫效能和母源抗体水平等因素，而制订的适合某一批次动物的免疫接种方案。

2. 疫苗的贮藏

为了保障兽用生物制品的质量和使用效果，生物制品的生产、经营、使用单位均需要做好生物制品的贮藏工作，避免在贮藏过程中兽用生物制品的效力发生变化。

生物制品生产、经营、使用者必须设置相应的贮藏设备，如能自动调节温度的冷藏库、活动冷藏库、冰柜、液氮罐、冰箱、冷藏箱、地下室等。贮藏生物制品的地方应放置温度计，有专人负责，每日检查并记录贮藏温度，发现温度过高或过低时，均应迅速采取措施。

温度是影响生物制品效力的主要因素。每种生物制品的合理贮藏温度，标签和说明书上都有明确规定，生产、经营、使用者要严格按照每种疫苗规定的贮藏温度进行贮藏。常见的疫苗推荐温度有−70 ℃、−20 ℃、2～8 ℃、常温避光(短期)等。

3. 疫苗免疫方法

免疫可分为个体免疫法和群体免疫法。个体免疫法包括注射、点眼、滴鼻、滴口、刺种、涂肛；群体免疫法包括饮水、拌料、喷雾免疫等。合理的免疫接种途径可以大大提高动物机体的免疫应答能力。

(1)注射免疫接种　注射免疫接种适用于各种灭活苗和弱毒苗的免疫接种。根据疫苗注射部位不同，又可分为皮下注射、皮内注射、肌内注射。注射接种剂量准确度高、效果确实可靠，在实践中应用广泛。

(2)点眼与滴鼻　禽类眼部具有哈德腺，鼻腔黏膜下有丰富的淋巴样组织，对抗原的刺激都能产生很强的免疫应答反应。操作时，将滴瓶排气，右手的拇指和食指拿住滴瓶，左手将要接种的鸡头固定在水平状态，滴瓶垂直向下，滴头距离鸡眼 0.5～1 cm，向鸡眼中滴入一滴疫苗，点眼后雏鸡有眨眼、吞咽动作或停留 3 s 以上，待疫苗充分吸收后放开接种鸡，接种完成。滴鼻时，可用固定雏鸡的左手食指堵住非滴鼻侧的鼻孔，加速疫苗的吸入。

(3)刺种免疫　鸡痘免疫需要刺种，稀释疫苗时要保证疫苗完全溶解，稀释好的疫苗液必须在 1 h 内用完。刺种部位在鸡翅翼膜内侧无血管处的“三角区”，不能伤及血管、关节和肌肉，刺种时确保刺种部位无羽毛，保证刺种针针槽药液充足。每 1～2 瓶疫苗就应换一个新的刺种针，因为针在多次使用后会变钝，针头变钝意味着需要加力才能完成刺种，这可能会使疫苗在针头穿入表皮之前被抖落。

(4)饮水免疫　饮水免疫前用不加消毒剂的水反冲水线，保持水线清洁，然后将水线水放干，分两次进行疫苗配置，每次饮水 1.5～2 h。疫苗稀释桶加入第一次疫苗稀释用水量(按加药器比例进行计算，约 1.5 h 的饮水用量)，先加疫苗保护剂搅匀溶解，再加入当天该栋免疫的 1/2 疫苗量。第一次饮水免疫结束后，将剩余的 1/2 疫苗进行第二次饮水免疫。疫苗添加方法：除去疫苗瓶金属盖，使用注射器抽取冷藏的生理盐水注入疫苗瓶内，液体量达到疫苗瓶总容积的 70%～80%，溶解摇匀，在桶的液面下打开疫苗瓶，将疫苗液体倒入桶中，用桶内的水将疫苗瓶涮洗≥3次，直至疫苗瓶内无挂壁疫苗残存，将疫苗液体混合均匀。

(5)喷雾免疫　喷雾免疫是将活苗(溶解在水里)以雾滴的形式，经过空气投放到鸡靶器官的一种方法，是一种工作效率高、免疫效果好的免疫方式。喷雾免疫期间，因需要关闭风机，因此环境温度的高低限制了喷雾免疫的使用，当环境温度较高时，应慎用喷雾免疫，避免较大免疫应激的发生。

目前喷雾免疫设备有肩背和手推两种。一般设备要求压力设定为2 Pa，此时出雾滴大小为100～150 μm，出水量按照喷头数量进行测算，厂家有参考的流量，根据测试可以作为标准流量应用，但需要增加10%的额外用水，以免喷雾中部分浪费造成喷雾量不够。

现场根据鸡群数目及每只鸡喷雾量确定用水量，最好用两台设备配制需要的总量，避免两次配制疫苗浪费时间。鸡舍内速度计算：单侧面喷雾所用时间(min)＝单层鸡只数目×每只鸡喷雾量(L)/单喷头每分钟喷雾量，行走速度(m/s)＝鸡舍长度(m)/单侧面喷雾所用时间(s)，要求两台设备同时模拟进行喷雾，验证所需时间。根据鸡舍内鸡笼的高度情况，调节喷嘴的高度，使喷嘴处于鸡笼中间偏上一点(约2/3笼高位置)，调节喷嘴与鸡笼前沿的距离(20～30 cm)。

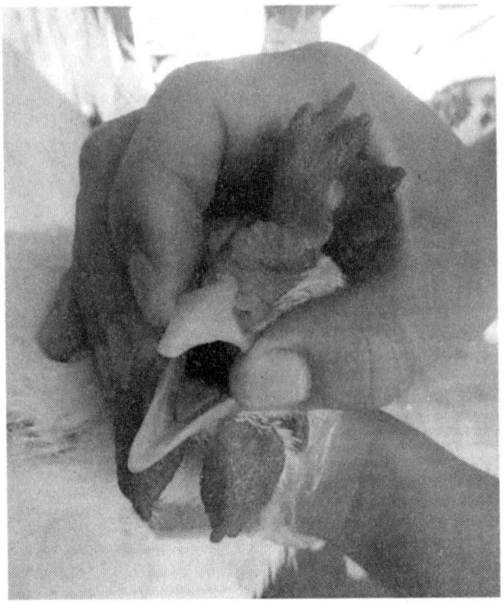

图5-21　蓝舌率检查

4.免疫效果评价

疫苗免疫后是否成功，可通过肉眼观察、抗体检测、定植率检测、人工攻毒等方法进行评价。

(1)肉眼观察　蓝舌率观察：在饮水免疫或一日龄雏鸡喷雾免疫时，在疫苗中添加染色剂，免疫后通过观察蓝舌率(图5-21)判断疫苗是否免疫成功，一般蓝舌率的检查应达到90%以上，认为免疫成功。

结痂率观察：鸡痘疫苗刺种免疫后7 d，抽查前、中、后位置≥100只鸡/栋，观察结痂情况，结痂率80%以上判为合格。

(2)抗体检测　疫苗免疫后，通过检测抗体阳性率、抗体高低，对疫苗免疫是否成功进行评价。以禽流感、新城疫、传染性支气管炎为代表的灭活苗，在免疫后4～6周检测相应抗体水平，当抗体水平达到既定高度时，判为免疫成功。以传染性贫血、禽脑脊髓炎为代表的活苗，在免疫后4～6周检测相应的抗体水平，当抗体阳性率达到既定水平时，判为免疫成功。

(3)定植率检测　活苗免疫后，相应的疫苗毒在动物体内复制，通过检测靶器官疫苗毒的定植率，可判断疫苗免疫是否成功。如1日龄雏鸡进行传支活苗的免疫，可在免疫后第4天，采腭裂拭子，进行PCR检测，统计阳性率，根据阳性率的高低判断1日龄传支免疫是否成功，鉴于不同毒株的特点以及检测方法的敏感性，一般将1日龄传支免疫的定植率标准定在50%～70%。

(4)人工攻毒　使用相应的野毒，对免疫鸡群和未免疫鸡群进行攻毒，通过发病率、病死率以及其他指标的对比，判断疫苗免疫是否成功。

五、监测

监测从采样方法、检测方法两个方面展开叙述，实现对牧场常见疾病的有效监测，确保牧场生产生物安全。

1.采样方法

根据牧场检测项目不同，包括沙门菌检测、平面设备和物品表面细菌计数、种蛋表面细菌计数等的采样；根据样品类型不同，包括腭裂拭子、咽拭子、泄殖腔拭子、抗凝全血和血清等的采样。此外，介绍了飞行采样和不合格样品示例。种鸡场、孵化场内采样应具有随机性，使抽样具有代表性：鸡舍内抽样要覆盖左中右、前中后、上中下 9 个方位；孵化场内抽样要覆盖所有出雏箱。种鸡场送检样品编号可按照栋舍内的分布，采取“面、组、层、笼”的顺序进行编号，使样品对应到相应鸡只。

(1)沙门菌检测采样

①采样前物品的准备和处理。无菌纱布(8 cm×10 cm)、无菌采样袋(14 cm×22 cm)、医用隔离无菌无纺布鞋套、无菌棉签、镊子、酒精棉球、生理盐水、一次性注射器、一次性乳胶手套或 PE 手套等。

浸润纱布。用一次性注射器吸取生理盐水，注入纱布包装袋，挤压后使纱布浸润备用。生理盐水注射量为 8 mL/块纱布(8 cm×10 cm)，如 1 个包装内有 2 块纱布，则注射 16 mL，3 块纱布则注射 24 mL。

无菌采样袋的使用。穿戴手套口罩，拿出一个无菌袋，完全撕开袋口上方密封条，避免污染袋口内部，两侧拉耳打开袋口，放入采好的样品。折叠封口：袋口卷起折叠≥5 次，每次折叠都需收紧，最后袋口两端铁丝朝与折叠相反方向内折封口，有效防止样品泄漏。在白色涂层书写区域写上样品名称：场区＋栋舍＋采样部位＋采样日期。

②鞋套采样。适用于鸡舍、饲料厂车间或蛋库等地面的沙门菌采样。

步骤：保持鞋底干燥，每只脚上分别套 3 只无菌无纺布鞋套。环绕采样区域走 1 圈，将两脚最外层两只鞋套取下，接触地面的一面向外，装进无菌采样袋中，形成第 1 个样品；沿着不同路线再走 1 圈，相同方法，中间一层两只鞋套形成第 2 个样品。将最内层与鞋直接接触的鞋套弃去(图 5-22)。

③纱布采样。适用于地面、墙面或物体等表面的沙门菌采样。

步骤：用消毒后的镊子夹取蘸有生理盐水的纱布对采样项目的表面进行擦拭，擦拭方法按照“143 模式”：每 1 块纱布，4 个采样点(2 面采，每面选 2 个采样点)，每个采样点擦拭 3 m 距离。按照“143 模式”采集结束后，每块纱布共采集 12 m 距离。采样痕迹不能重复，如果采样对象无法实现 12 m 长度采样，则将物体表面全部擦拭。纱布采样采集空旷区域时，也可戴一次性无菌手套后徒手操作(图 5-23)。

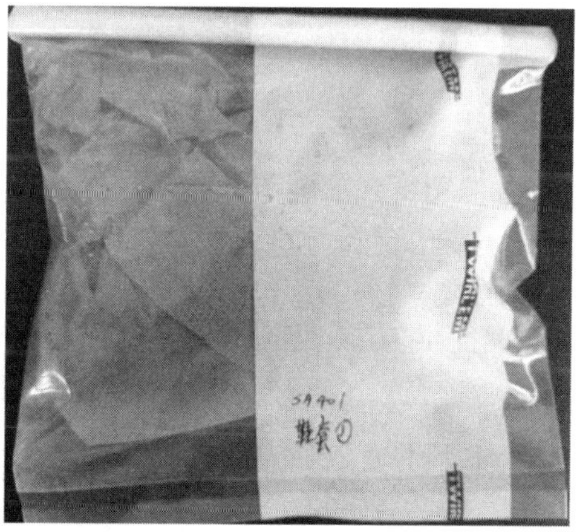

图 5-22 无菌采样袋中的鞋套样品

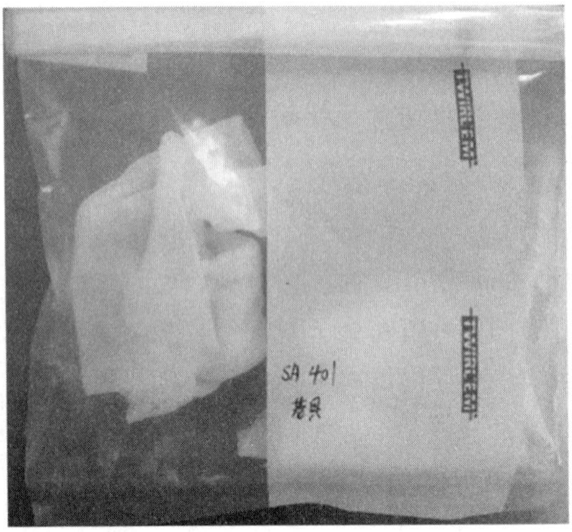

图 5-23 无菌采样袋中的纱布样品

每 2～6 块纱布放到 1 个无菌袋中，形成 1 个合并样品。标记样品名称：场区＋栋舍＋采样部位＋采样日期。

(2)平面设备和物品表面细菌计数采样　适用于孵化器、出雏器、出雏筐、母鸡周转筐、四格筐、托盘、蛋车、车辆或种鸡场空舍验收等设备或物品的表面采样。

将 3.6 cm×3.6 cm 规板(图 5-24)，用 75%酒精棉球擦拭消毒，自然挥发干燥。

选好采样位置，把规板置于采样位置后不允许再移动，将 2 根棉签用 1.5 mL 离心管内 0.5 mL 无菌生理盐水蘸湿润，于管壁上部挤压多余盐水，先用 1 根棉签擦拭规板的整个面积，再用另 1 根棉签重复擦拭。将 2 根棉签放入上述 1.5 mL 离心管，折断棉签手柄位置，盖上离心管盖。

每个采样点形成 1 个样品，用记号笔在离心管侧面标记样品名称：场区＋栋舍＋采样部位＋采样日期。

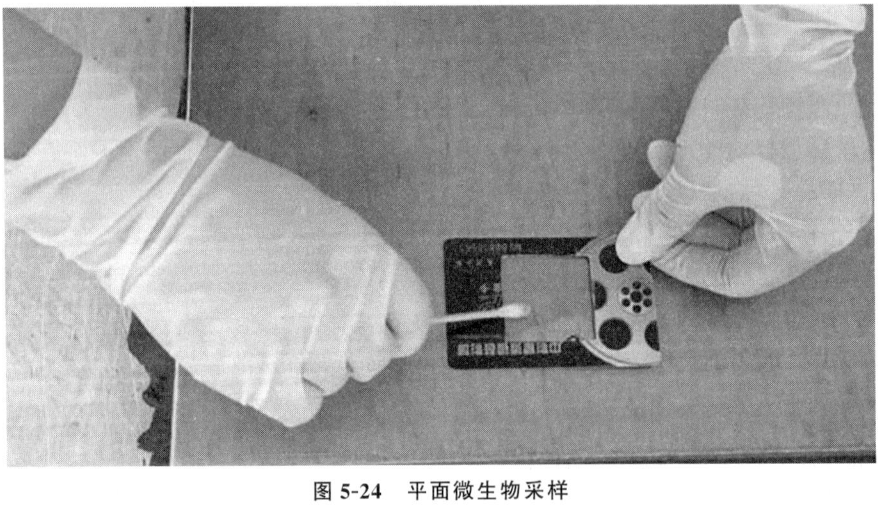

图 5-24 平面微生物采样

(3)种蛋表面细菌计数采样　将直径为 3.6 cm 的圆形蛋圈(如图 5-25 所示，对应半球形鸡蛋表面面积约为 1 平方英寸)，用 75%酒精棉球擦拭消毒，自然挥发干燥。把圆形蛋圈置于种蛋大头表面。

将 2 根棉签用 1.5 mL 离心管内 0.5 mL 无菌生理盐水蘸湿润，于管壁上部挤压多余盐水，先用 1 根棉签擦拭蛋圈的整个面积，再用另 1 根棉签重复擦拭。将 2 根棉签放入上述 1.5 mL 离心管，折断棉签手柄位置，盖上离心管盖。

每枚种蛋形成 1 个样品，用记号笔在离心管侧面标记样品名称。

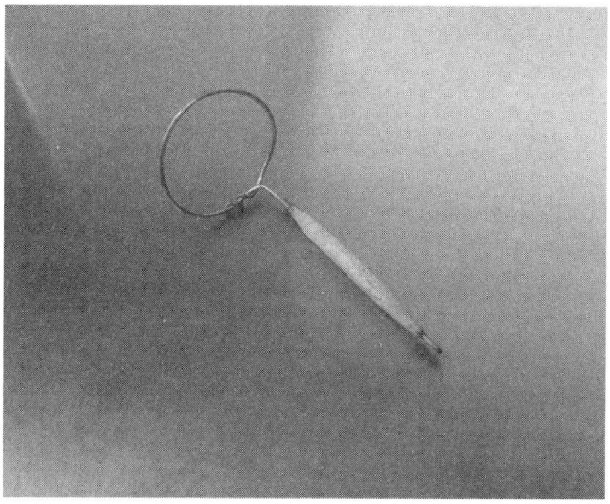

图 5-25　种蛋采样规板

(4)腭裂拭子采样　保定鸡只,采样人员左手从鸡头后部抓握鸡头,用拇指和食指打开鸡喙,暴露腭裂位置(腭裂开口于后鼻道,位于口腔上侧,如图 5-26 所示)。

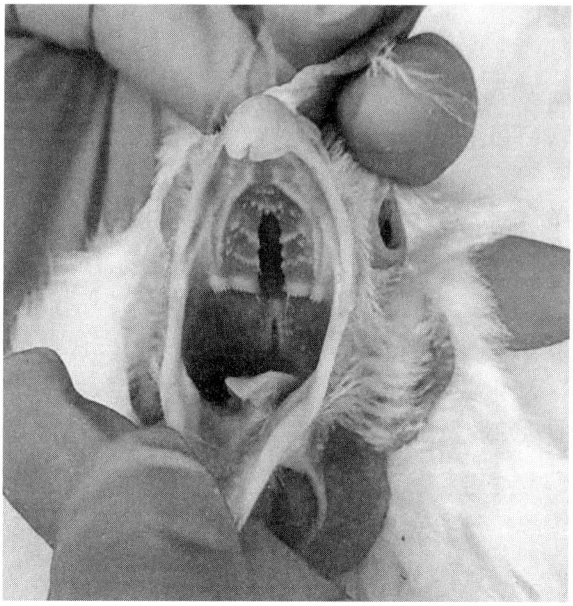

图 5-26　鸡喙腭裂位置

右手执笔式持耳鼻喉无菌棉签插入腭裂;用棉签擦拭腭裂内壁缝隙,边缓慢捻动棉签,边来回擦拭,共计 3 个来回,每个来回不低于 2 s;在捻动棉签过程中,确保腭裂顶部和两侧均得到擦拭。

将棉签拭子放入含有 0.5 mL 无菌生理盐水的 1.5 mL 离心管内,折断棉签手柄位置,盖上离心管盖(图 5-27);如采集混合样,可将 5 只鸡的腭裂拭子放入含有 2.5 mL 无菌生理盐水的 10 mL 离心管内。

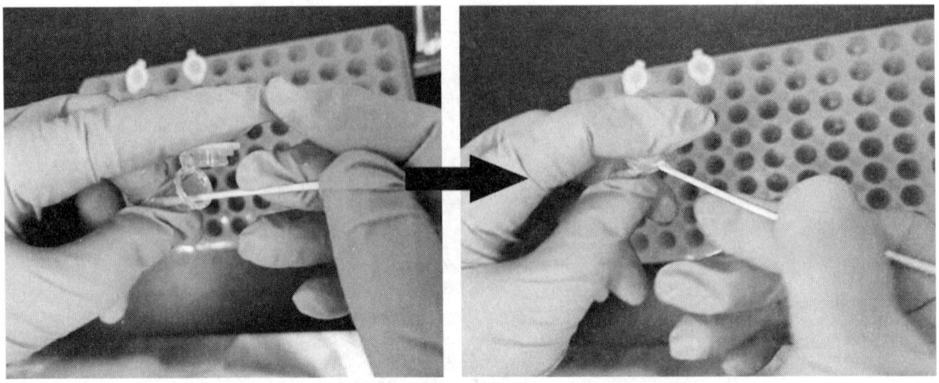

图 5-27　将棉签放入含有 0.5 mL 无菌生理盐水的 1.5 mL 离心管内，折断棉签手柄位置

(5)咽拭子采样　保定鸡只，采样人员左手从鸡头后部抓握鸡头，用拇指和食指打开嘴巴。

采样位置：咽部是空气、水、饲料共同经过的地方，位于舌头根部到喉头气管之间（图 5-28）。

右手执笔式持耳鼻喉无菌棉签，插入咽部。

在咽部稍用力旋转棉拭子 3 圈，反方向再次旋转棉拭子 3 圈，此时拭子应已带有咽部黏液并呈湿润状态。

形成样品：将棉签拭子放入含有 0.5 mL 无菌生理盐水的 1.5 mL 离心管内，折断棉签手柄位置，盖上离心管盖；如采集混合样，可将 5 只鸡的腭裂拭子放入含有 2.5 mL 无菌生理盐水的 10 mL 离心管内。

(6)泄殖腔拭子采样　泄殖腔位于直肠的后方，为一椭圆囊。首先保定鸡只，背部朝上，采样人员拨开泄殖腔周围羽毛（图 5-29）。用耳鼻喉无菌棉签顺着泄殖腔肛管方向缓慢、旋转或侧压向前插入，深度 1～2 cm。

沿泄殖腔内壁，稍用力旋转 3 圈，此时拭子应已带有少量粪便并呈湿润状态；将棉签拭子放入含有 0.5 mL 无菌生理盐水的 1.5 mL 离心管内，折断棉签手柄位置，盖上离心管盖；如采集混合样，可将 5 只鸡的泄殖腔拭子放入含有 2.5 mL 无菌生理盐水的 10 mL 离心管内。

图 5-28　咽拭子采样位置

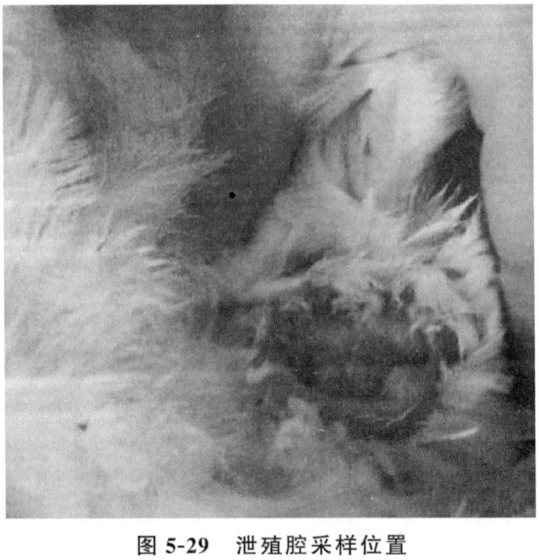

图 5-29　泄殖腔采样位置

(7)抗凝全血采样　在禽白血病等检测中需采集抗凝全血，采用肝素钠或肝素锂抗凝管。如图 5-30 所示。

将鸡固定，右手握紧鸡腿关节处，左手固定背部头部(单人操作时，可将鸡放在地上，使鸡侧卧，用脚固定鸡腿关节处，左右两侧均可)。

采样人员将双翼提起，把一只羽翼内侧近根部覆盖血管的羽毛拔开，即可见到一条明显较粗的静脉血管即翼静脉，用 75％酒精棉球擦拭消毒采血部位皮肤。

左手大拇指夹住覆盖静脉的羽毛，食指协调大拇指夹住双翼，中指、无名指和手掌轻轻提起或轻按背部保定鸡只，待其安静方可刺针。

针头在距翼下静脉血管 0.3～0.5 cm 一旁倾斜刺入皮肤，再与血管平行进针 0.2～0.4 cm 后刺入血管，见有少量回血，将采血针另一端插入抗凝管内，手不得触碰抗凝管顶端以防污染。

保持位置不动，让血液缓缓流入抗凝管内，达到 2 mL 后，首先将采血针另一端从抗凝管端拔出；然后从翼静脉拔出采血针，立刻用干棉球压迫针眼止血。如图 5-31 所示。

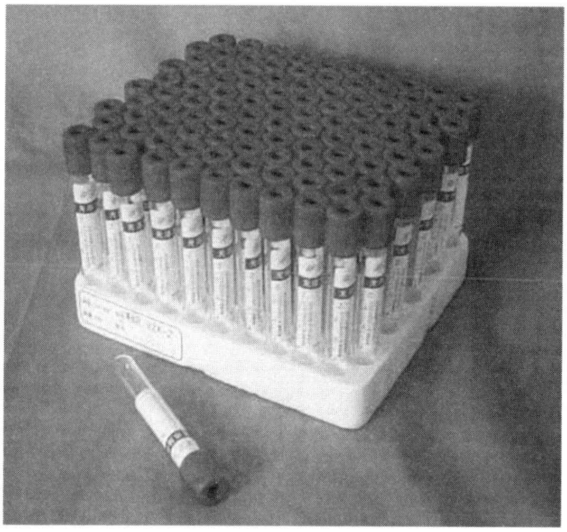

图 5-30　抗凝管

图 5-31　抗凝全血采集

(8)血清采样　鸡只保定和采血方式同抗凝全血，把采血针改为注射器。

采血时抽血速度要保持缓慢，过快会导致内压突然降低，使血管壁接触针头导致堵塞，影响继续采血。

每只鸡采血约 3 mL，将注射器活塞柄拉大至 5 mL 处，倾斜约 30°，静置待血液凝固、血清析出。

血清析出有 3 种方式：一是 4 ℃过夜，待血液凝固析出血清；二是 25～35 ℃，静置 3～6 h，待血液凝固析出血清；三是 37 ℃恒温，静置 0.5～2 h，待血液凝固析出血清。

血清析出后，将血清移入 1.5 mL 离心管内。

在离心管上标记栋舍、数量等编号。

2.检测方法

牧场疾病的常用检测方法，如基于抗原抗体反应的酶联免疫吸附试验(ELISA)、基于病原核酸检测的 PCR 以及病原分离等(图 5-32)。

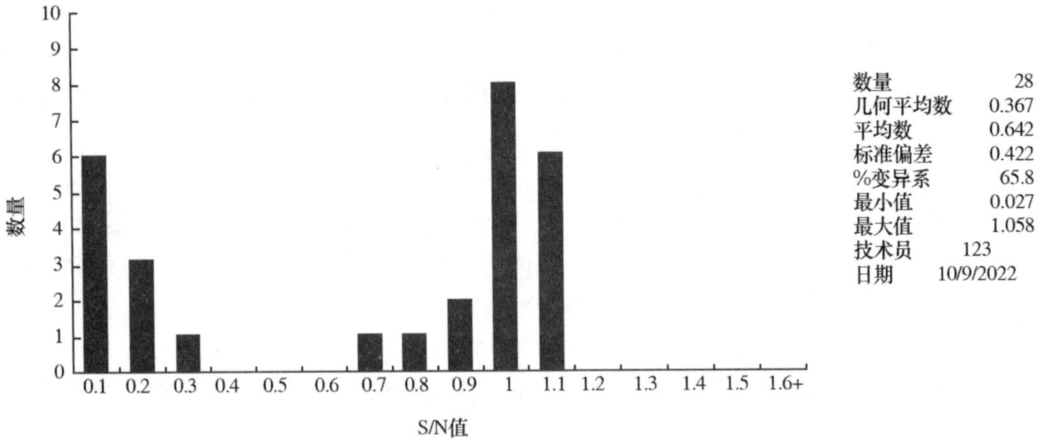

竞争 ELISA，如 CAV 检测，抗体滴度组>0.6 为阴性，抗体滴度组≤0.6 为阳性

注：纵坐标代表检测数量，横坐标代表样品滴度组

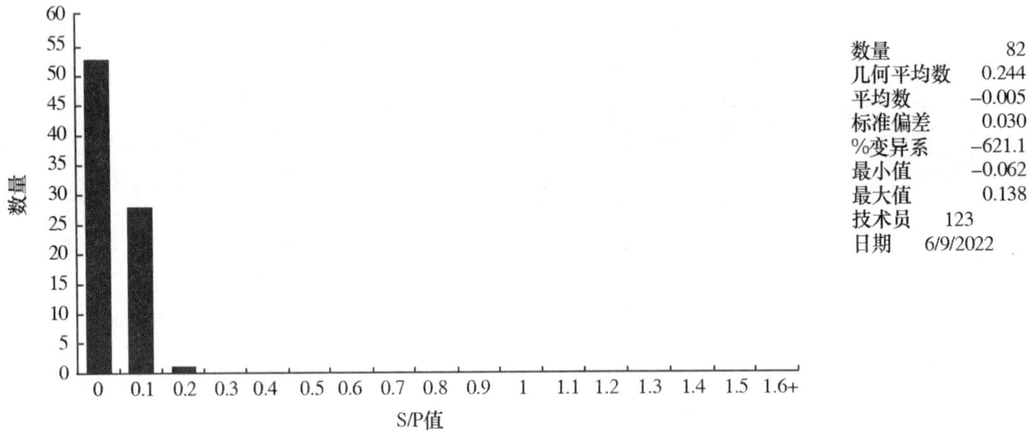

夹心 ELISA，如 ALV(P27)检测，临界值 S/P 值>0.2 为阳性，临界值 S/P 值≤0.2 为阴性

注：纵坐标代表检测数量，横坐标代表样品滴度组

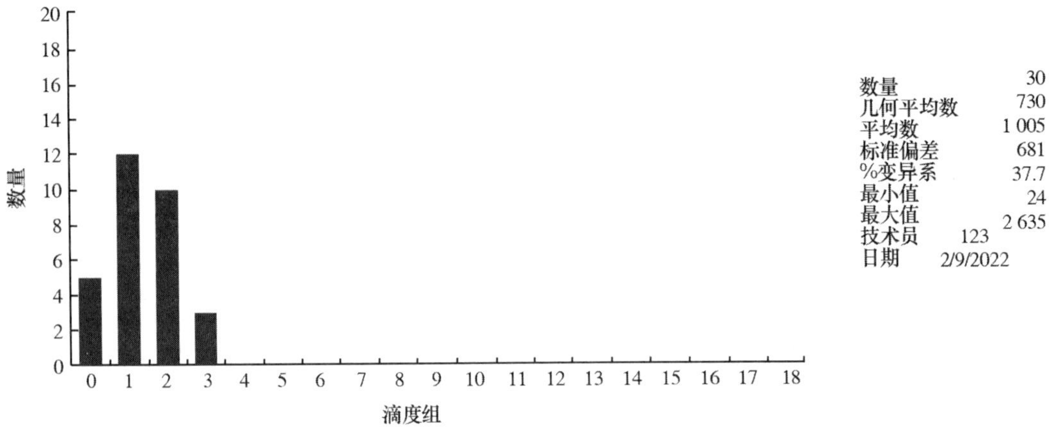

间接 ELISA，如 IBV、IBDV 检测等，抗体滴度组=0 为阴性，抗体滴度组>0 为阳性

注：纵坐标代表检测数量，横坐标代表样品滴度组

图 5-32 ELISA 检测方法

(1)酶联免疫吸附试验　酶联免疫吸附试验(enzyme-linked immunosorbent assay, ELISA),其基本原理是将一定浓度的抗原或者抗体通过物理吸附的方法固定于聚苯乙烯微孔板表面,加入待检标本,通过酶标物显色的深浅间接反映被检抗原或者抗体的存在与否或者量的多少。ELISA 技术作为一种免疫标记技术,已广泛应用于科研和临床中,具有快速、定性、定量等特点。ELISA 可用于测定抗原,也可以测定抗体。包含 3 种必要的试剂:①固相的抗原或抗体;②酶标记的抗原或抗体;③酶作用的底物。根据试剂的来源和标本的性状以及检测的具备条件,可设计出各种不同类型的检验方法,如竞争法、间接法和双抗体夹心法等,在临床中用于鸡传染性贫血病毒(CAV)、滑液囊支原体(MS)等抗体检测和蛋清白血病病毒 P27 抗原检测等。

(2)血凝抑制试验　有血凝素的病毒能凝集人或动物的红细胞,称为病毒的血球凝集现象,简称血凝现象。血凝现象被病毒相应抗体抑制,称为血凝抑制,利用这种特性设计的试验称为血凝抑制试验(hemagglutination inhibition test,HI),利用 HI 试验,可采用已知抗体或抗原,来测定未知抗原或抗体(图 5-33)。禽流感病毒血凝和血凝抑制试验参照国家标准《高致病性禽流感诊断技术》(GB/T 18936—2020)、《新城疫诊断技术》(GB/T 16550—2020)。

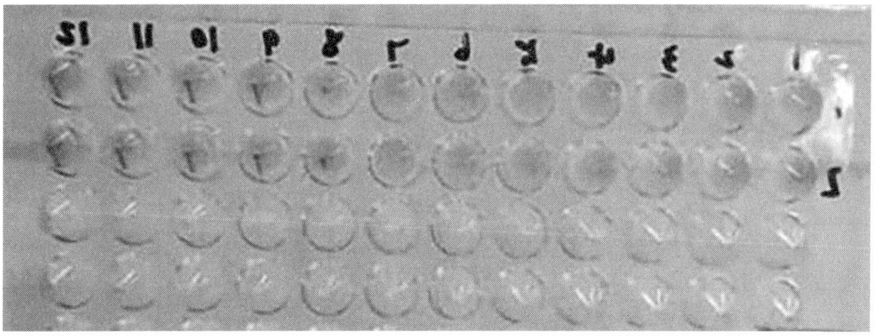

将 96 孔 V 型板倾斜,红细胞完全凝集的最高稀释倍数为病毒悬液的血凝效价
(图示背面观,血凝效价为 7log2)

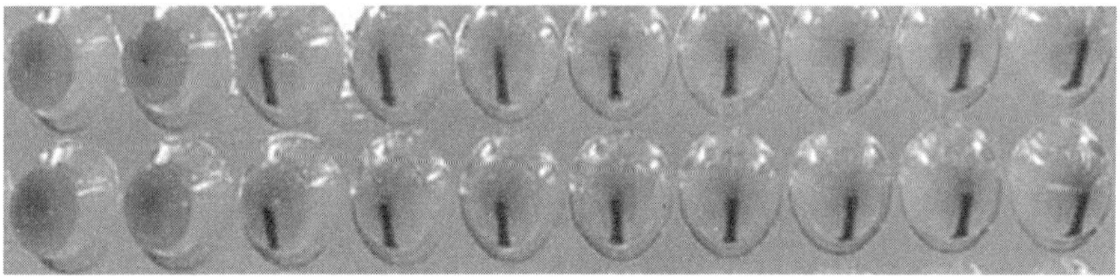

将 96 孔 V 型板倾斜,完全抑制病毒凝集红细胞的最高血清稀释倍数为该血清的 HI 抗体效价
(图示背面观,HI 效价分别为 8log2、6log2)

图 5-33　血凝抑制试验

(3)平板凝集试验　细菌、红细胞等颗粒性抗原与相应抗体结合后,在有电解质存在时,抗原颗粒互相凝集成肉眼可见的凝集小块,称为凝集反应(图 5-34)。鸡白痢沙门菌的检测可利用平板凝集试验(slide agglutination assay,SPA),鸡白痢平板凝集试验参照行业标准《鸡伤寒和鸡白痢诊断技术》(NY/T 536—2017)。

(4)禽白血病病毒分离　禽白血病病毒主要引起感染鸡在性成熟前后发生肿瘤,最高死亡率可达 20%,部分鸡感染后不发生肿瘤,但可造成产蛋性能下降或免疫抑制。最终的诊断以病毒分离鉴定为最可靠依据。白血病病毒分离参照国家标准《禽白血病诊断技术》(GB/T

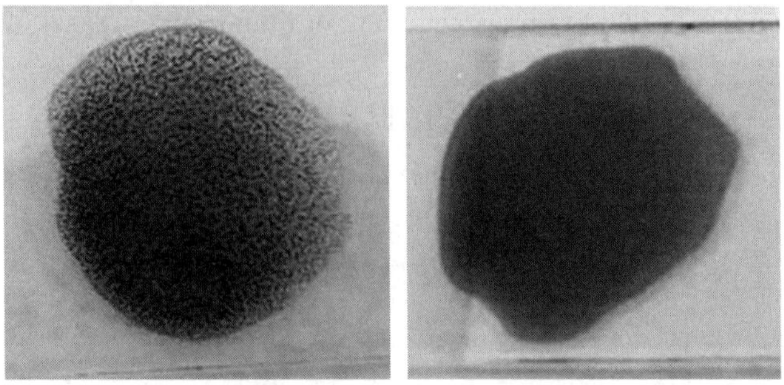

血清检测阳性(左)、血清检测阴性(右)

图 5-34 平板凝集试验

26436—2010)和《原种鸡群禽白血病净化检测规程》(GB/T 36873—2018)。

(5)PCR 试验(图 5-35) 聚合酶链式反应(polymerase chain reaction,PCR),又称体外 DNA 扩增技术,是一种以目的基因或 DNA 片段为模板,在体外引物介导及 DNA 聚合酶催化下,利用核苷酸(dNTP)大量、快速、专一地合成目的基因或 DNA 片段。1985 年由美国 Cetus 公司的 Kary Mullis 首创,其本人也因此获 1993 年诺贝尔化学奖。PCR 技术的发明极大地推动了分子生物学的发展,是目前核酸分子水平的基础及应用研究中使用最广泛的一项技术。

PCR 依据产物分析方式,可分为常规 PCR 和荧光定量 PCR。普通 PCR 中,在扩增反应结束之后,通过凝胶电泳后进行成像,对扩增产物进行定性分析。荧光定量 PCR 中,PCR 反应体系中加入了荧光分子,通过荧光信号的变化反映扩增产物的变化,做到产物的实时检测。可以相对/绝对地确定初始模板拷贝数,并具有较高的检测灵敏度。

荧光定量依据检测 Ct 值进行结果判定,结果判定可分为 4 种:阳性、弱阳性、可疑、阴性。Ct 值<30 判为阳性,30～37 判为弱阳性,>37 判为可疑,无 Ct 值判为阴性。其中阳性、弱阳性、可疑均同时要求扩增曲线平滑。

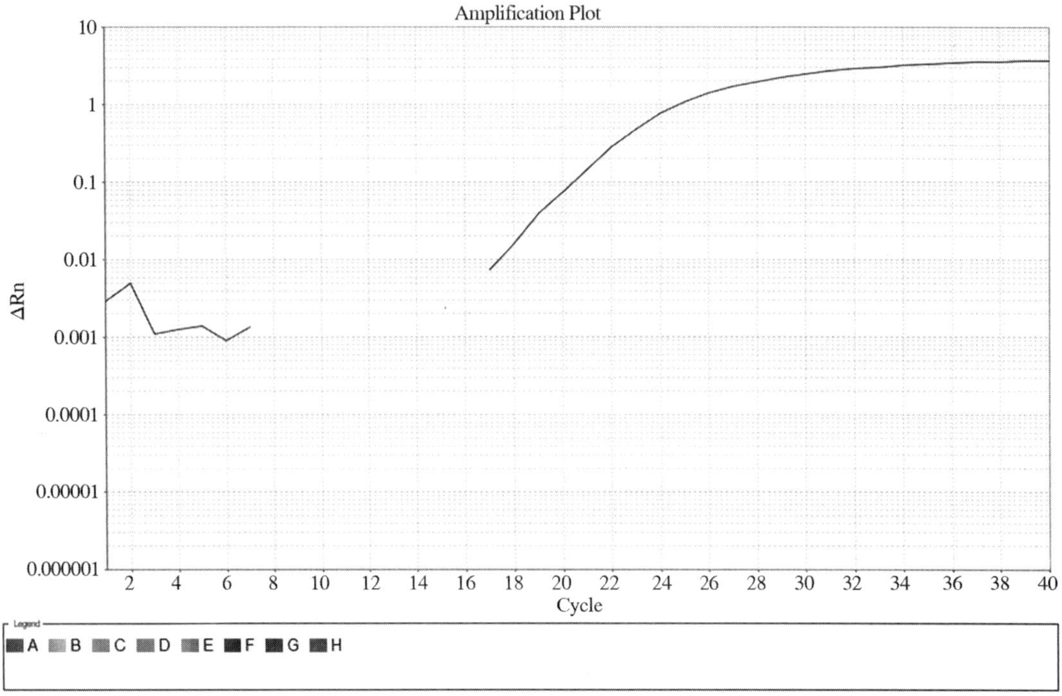

图示 ABI 7500 仪器,扩增曲线平滑,Ct 值 18.5 为阳性

图 5-35 PCR 试验

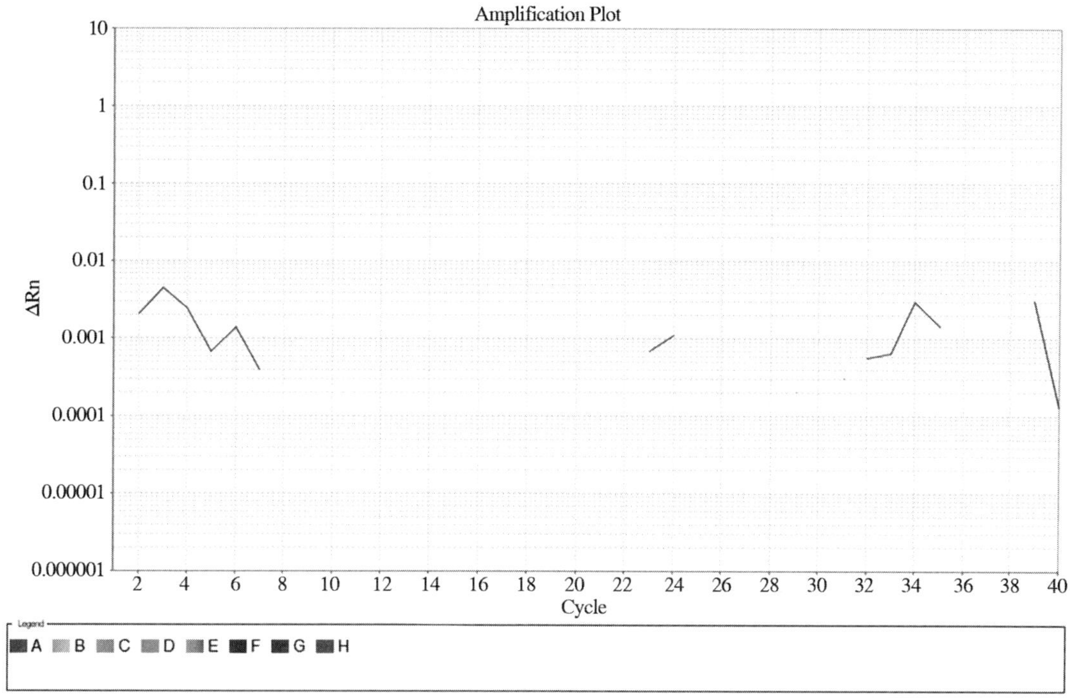

图示 ABI 7500 仪器，无扩增曲线，无 Ct 值为阴性

续图 5-35

六、用药

1. 兽药管理法规与制度

《兽药管理条例》是为了加强兽药管理，保证兽药质量，防治动物疾病，促进养殖业的发展，维护人体健康而制定的。2004 年 4 月 9 日中华人民共和国国务院令第 404 号公布，根据 2014 年 7 月 29 日《国务院关于修改部分行政法规的决定》第一次修订，根据 2016 年 2 月 6 日《国务院关于修改部分行政法规的决定》第二次修订。根据 2020 年 3 月 27 日中华人民共和国国务院令第 726 号《国务院关于修改和废止部分行政法规的决定》第三次修订。全文包括总则、新兽药研制、兽药生产、兽药经营、兽药进出口、兽药使用、兽药监督管理、法律责任、附则共九章七十五条。

第四十一条规定：禁止在饲料和动物饮用水中添加激素类药品和国务院兽医行政管理部门规定的其他禁用药品。经批准可以在饲料中添加的兽药，应当由兽药生产企业制成药物饲料添加剂后方可添加。禁止将原料药直接添加到饲料及动物饮用水中或者直接饲喂动物。禁止将人用药品用于动物。

第四条规定：国家实行兽用处方药和非处方药分类管理制度。

《兽用处方药和非处方药管理办法》(以下简称《办法》)在 2014 年 3 月 1 日起施行。对安全性和使用风险程度较大的品种，实行处方管理，在执业兽医师指导下使用，减少兽药的滥用，促进合理用药，提高动物来源性产品的质量安全。

2. 处方管理

根据《兽药管理条例》第七章第四十九条规定，禁止将兽用原料药拆零销售或者销售给兽药生产企业以外的单位和个人。禁止未经兽医开具处方销售、购买、使用国务院兽医行政管理部门规定实行处方药管理的兽药。

根据《兽用处方药和非处方药管理办法》，养殖场使用处方药需要开具处方，严禁处方外使用处方药。养殖场可由公司兽医师或技术团队，根据现场需要建立本公司的标准处方，根据药物使用标准，从药物的针对性、标准使用量、是否为禁药等方面制定标准处方，处方要体现开具的对应症状，具体使用方法为：处方由公司兽医师开具，处方笺记录内容包括动物饲养场名称、动物种类、日龄、体重及数量、诊断结果、兽药通用名称、规格、数量、用法、用量及休药期，开具处方日期及开具处方执业兽医注册号和签章等。处方开具后，兽医师跟踪使用效果填写兽医档案，定期对标准处方进行优化。

3. 五好精准用药

精准用药 5 项原则：选得好、算得好、溶得好、配得好、喝得好。

（1）选得好　选得好是指要选对药物，选择敏感的药物、选择可靠的厂家、选择可靠的途径。除了考虑体外药敏结果，还需要考虑体内吸收、代谢和分布。根据临床诊断情况判断，可以选择联合用药对于治疗细菌混合感染加快恢复，如阿莫西林＋环丙沙星，多西环素＋氟苯尼考等（图 5-36）。

图 5-36　不同厂家的环丙沙星溶解后有较大差异

（2）算得好　算得好是指药品的剂量要算准，如计算基数为有效成分计药量，这就需要根据产品的有效含量进行计算，如计算基数以本品计药量，就根据推荐量直接计算即可。

计量方式按采食量计算，如盐酸多西环素可溶性粉，推荐用法用量，以有效成分计，400 g/t 饲料，连用 5 d。A 场区共 1 万只鸡，日采食量 1 t，采购商品为 50％含量多西环素可溶性粉，则一个疗程共需要本品 2 kg。

计量方式按饮水量计算，如盐酸多西环素可溶性粉，推荐用法用量，以有效成分计，200 mg/L 水，连用 5 d。A 场区共 1 万只鸡，日饮水量 2 t，采购商品为 50％含量多西环素可溶性粉，则一个疗程共需要本品 2 kg。

计算方式按体重计算，如硫酸庆大霉素可溶性粉，推荐用法用量，以有效成分计，15 mg/kg，集中饮水，连用 5 d。A 场区共 1 万只鸡，鸡的均重 2 kg，如果使用 5％含量硫酸庆大霉素，一个疗程共需要本品 1.5 kg。

(3)溶得好　溶得好是指药物要溶解开，混饮给药应选择易溶于水且不易被破坏的药物，某些不溶于水或在水中溶解度很小的药物，则需采取加热或加助溶剂的办法提高溶解度。一般来说，加热时药物的溶解度增加，但有些药物加热时虽然溶解度增加，而当溶液温度降低时又会析出沉淀，故加热后应尽可能在短期内用完。加热仅适用于对热稳定、安全性好的药物(图 5-37)。

图 5-37　现场使用的药物为 20％的氟苯尼考，溶解后呈雾状

溶解方式也会导致结果不同，如 10％氟苯尼考溶液稀释，在 1∶15 时呈白色糊状，不能溶解。按 1∶20 加入水中，边加边搅拌，可以溶解澄清，若直接加入不搅拌，也会出现糊状不能溶解(图 5-38)。

左侧为 10％氟苯尼考 1∶20 比例边加药边搅拌药物溶解澄清，右侧为 10％氟苯尼考 1∶15 比例加入不能溶解呈糊状

图 5-38　溶解效果

很多养殖企业随着加药器的使用，对于药品的水溶性要求变得更高，而市场使用的很多药物溶解性达不到要求，如氟苯尼考、磺胺嘧啶、阿莫西林等。如果是现场使用加药器，推荐选择 3％～10％的加药器或使用自吸泵(图 5-39)。

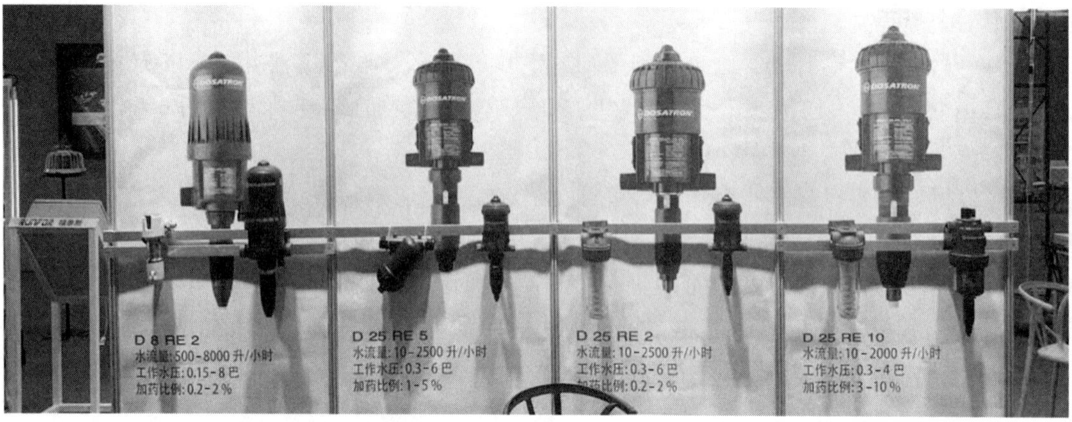

图 5-39 加药器

如已经购买 1%～5%或 0.2%～2%的加药器，对于溶解性较差的药物可以选择多功能底吸潜水泵(表 5-2)，≥55 W 功率的(图 5-40)。

表 5-2 多功能底吸潜水泵特点

产品型号	功率	最大扬程	最大流量	产品尺寸	产品名称
JPG-3000 L	55 W	2.8 m	3 000 L/h	151×117×170	多功能底吸潜水泵
产品特点	防干烧、绝缘、防水、防漏电、循环抽水、远程吸水、最低可以抽水位 1 cm(启动需要水位在 3 cm 以上)				

型号	功率	最大扬程	最大流量	出水口外径	产品尺寸
JGP-1000 L	15W	1.4m	1000L/h	12mm	107×84×123mm
JGP-1500 L	20W	1.6 m	1500L/h	16mm	120×94×136mm
JGP-3000 L	55W	2.8 m	3000L/h	16/20mm	151×117×170mm
JGP-4500 L	130W	2.8 m	4500L/h	16/20/25mm	180×140×205mm

图 5-40 多功能底吸潜水泵

(4)配得好 配得好是指药物之间联合用药要配对，某些本身不溶或难溶于水的药物，其市售品为可溶性的酸性盐或碱性盐，混饮给药尤其是同时混饮两种或两种以上药物时，受 pH、溶解度、解离度、氧化、还原、分解影响，药物的溶解状态或溶胶状态被破坏。应避免同时用药的酸碱配伍禁忌，如盐酸环丙沙星在水溶液中呈酸性，而当与碱性药物，如碳酸氢钠、氨茶碱同时混饮时，可因溶解度改变而析出沉淀(图 5-41)。

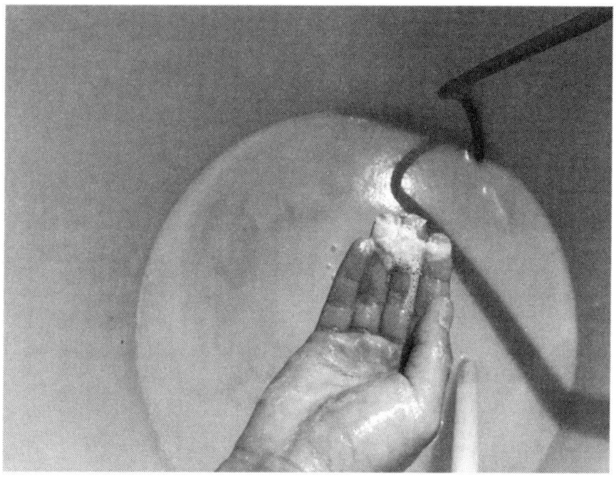

图 5-41　多西环素加饮水多维后出现沉淀

(5)喝得好　喝得好是指鸡群喝药时要保证鸡群的饮水均匀，这需要了解自己厂区的水线，饮水给药前先将水线放干，水线放干后断水 30～60 min。饮药时间越长越均匀，一般至少需要持续 4～6 h，药液加完后，关掉进水阀，1 h 后再打开，如果是 1 月龄内雏鸡需要选择水中稳定性好的产品，全天自由饮用或采取小水壶、集中拌料、喷料等方式。

例：氟苯尼考＋多西环素使用流程：

①首先根据药物的使用浓度，计算当天的一半药量和配水量，将当天使用药量的一半，如 1 万鸡量计算，即 375 g 的氟苯尼考按照 1∶30 倍稀释，加 25～30 ℃温水溶解搅拌澄清，再将 150 g 盐酸多西环素，加入 1∶30 的氟苯尼考药液中，注意先溶解氟苯尼考后加多西环素。

②将加药器调至 1∶25 倍，打开加药器，饲养员巡查鸡舍时观察鸡群饮用情况，出现堵的情况及时排气，观察药物吸收情况，若有沉淀要搅拌或加水稀释。

③将剩下的药量，搅拌至澄清后打开加药器，注意先溶解氟苯尼考后加多西环素，打开加药器，饲养员巡查鸡舍时观察鸡群饮用情况，出现堵的情况及时排气，观察药物吸收情况，若有沉淀要搅拌或加水稀释。

④鸡群饮药约 3 h 后观察药液剩余情况，药液吸完以后加清水 3～5 min 对加药器清洗，关闭加药器，控水 0.5 h 左右，水线管内的药物全部被鸡喝完后再打开水，及时清理药品或瓶子，并对加药器用清水进行清洗。用药记录，包括药品名称、批号、用量、时间、操作人等。

参考文献：

中国兽医药典委员会. 中华人民共和国兽药典(2015 年版). 北京：中国农业出版社. 2016.

第六章 养殖场发病应急处置

对场区可能发生的紧急疫情进行快速诊断和控制，制定处置预案。紧急疫情是指对鸡群生产性能和死淘率产生较大影响的疫情。当疑似发生国家法定报告疾病时，应第一时间报告给兽医主管部门，按兽医主管部门以及相关法律法规要求，进行疫情的处置。本处置预案适用于国家法定报告疾病以外的疫病发生时的处置预案。

一、疑似发病判断依据

种鸡场判断发病，以临床表现为判断依据，当鸡群出现以下任一情况时，均判断为疑似发病。

1. 采食量

1 d之内采食量下降5%以上，或过去5 d累计下降5%以上。

2. 饮水量

1 d之内饮水量下降10%以上，或过去5 d累计下降10%以上。

3. 产蛋率

1 d之内产蛋率下降3%以上，或过去5 d累计下降5%以上。

4. 粪便

出现10%以上黄绿色粪便。

5. 死亡数量

鸡群死亡数量突然增加万分之三以上，并持续3 d未见好转。

6. 肿头肿脸

发现有正常鸡出现肿头肿脸情况。

7. 呼吸道

呼吸道比例≥1%。

二、发病报告流程

(1)饲养人员及助理一旦发现鸡群出现疑似紧急疫情，立刻报告给鸡场兽医师。

(2)鸡场兽医师第一时间统计本鸡群信息，包括采食、饮水、死亡率、产蛋率、蛋壳颜色、蛋壳质量、温湿度、通风、免疫史、用药史、设备运行等变化情况，并对死亡鸡只剖检，留存影像。

(3)鸡场兽医师对鸡群综合判断，如果能够排除，不再按紧急疫情处理。如果不能排除，按照疑者从有的原则，对紧急疫情进行处理，并由鸡场兽医师在 2 h 内上报给场长和分公司兽医师。

(4)分公司兽医师如仍不能排除，需第一时间到达场区，并立即牵头对疫情进行诊断、防控。同时建立讨论群，讨论群包括但不限于种鸡场管理人员、公司总经理、兽医总监、主管副总裁。

(5)紧急疫情判断。由兽医总监主导，与主管副总裁共同判断和确定。判断为紧急疫情后，如为国家法定报告疾病，应第一时间报告给兽医主管部门，如不是法定报告的其他疾病，应第一时间将病料送达实验室进行病原检测。

(6)分公司兽医师与兽医总监一起，根据现场情况、实验室的检测结果以及《场区紧急疫情管理办法》做出控制方案，在没有具体方案前，按本方案执行。有必要时，兽医总监、主管副总裁需要调动专家资源进行会诊。

(7)兽医师和兽医总监进出发病场区，严格遵守场区生物安全。进入发病鸡舍或进行病死鸡解剖，需穿隔离服、戴一次性外科口罩、戴一次性头套、戴一次性手套、换鞋。离开确定发病场区后，如需要进入其他场区，需隔离 7 d 以上，隔离期间洗澡次数不低于 3 次，并在进入下一鸡场前一天晚上在住宿地洗澡更衣。如在离开发病场区后 7 d 内需要进入下一个种鸡场，需穿隔离服、戴一次性外科口罩、戴一次性头套、戴一次性手套、换鞋后，方能进入。

(8)确定为紧急疫情后 2 h 内，由分公司兽医师通知并监督种鸡场、孵化场，按照紧急疫情对发病种源进行管理；通知总部兽医师，对集团各种鸡场的风险等级进行调整并发布。

三、鸡群发病后采取措施

按照疑者从有、内防扩散、外防输出的基本原则，对发生紧急疫病的鸡群采取以下措施进行处理：

1. 生物安全隔离

鸡群发生紧急疫情后，需立即采取生物安全隔离措施，以实现以下目标：阻止本种鸡场传给孵化场；阻止本种鸡场传给其他种鸡场；阻止发病栋舍传给未发病栋舍；阻止本批次传给下批次。

(1)人员隔离

①发病栋舍饲养员隔离。对于发病栋舍饲养员的管理，提供两个方案，由分公司兽医师牵头，与场长、分公司总经理一起，结合场区特点、疾病特点、可能损失，确定方案的选择。对于接触传播为主的疾病(如 IC、ILT、IBD)，推荐选择方案一，对于气溶胶传播为主的疾病(如 IB)，

推荐选择方案二。

方案一：立即对发病栋舍进行封锁，所有进入发病栋舍的人员禁止进入其他鸡舍，根据疾病特点，一般需封栋 3～4 周。

方案二：每天推迟 30 min 上班，避免和其他人员交叉。进入发病鸡舍后，换发病鸡舍专用的衣服(全部更换，包括保暖衫、鞋子)，戴一次性头套、一次性手套，开始一天工作。中午吃饭，不出鸡舍，送饭到鸡舍。晚上下班推迟 30 min 下班，下班之前更换所有衣物，将发病舍的衣服、头套、手套、鞋子留在鸡舍内单独处理，浸泡消毒、清洗、晾干。下班后和其他人员错开，避免交叉。发病栋舍饲养员生活区服装单独浸泡消毒，单独清洗。

②技术干部隔离。管理层专人巡查发病栋舍，不再巡查其他栋舍，生物安全措施等同栋内人员。

③访客隔离。场区发病期间，不接待访客。

(2)物品隔离　发病栋舍内的物品原则上不出鸡舍，如必须出鸡舍，则需要使用消毒液浸泡或煮沸 15 min 后才能出舍。餐具出鸡舍，推荐采用煮沸 15 min 的方式。

(3)种鸡场种蛋管理

①种蛋收集。发病鸡舍的种蛋集中最后收集，收集过程中将鸡蛋分为 3 类：干净的种蛋、带有鸡粪的种蛋、商品蛋。

②干净的种蛋和商品蛋收集后 2 h 内用 2 倍量福尔马林熏蒸消毒。

③带有鸡粪的种蛋消毒，先用干处理方法，将蛋壳表面的鸡粪清理干净，然后按以下方法进行浸泡消毒：消毒药选择 10%复方戊二醛，配制消毒水比例为 1∶200，水温 35～37 ℃。水桶内放置温度计监控温度，温度低了添加热水，搅匀，根据热水添加量，添加消毒剂。容器选择能够浸没蛋盘的桶或盆，也可选用直径大于蛋盘的桶。把处理后的脏蛋，整盘完全浸入配制好的消毒水中 2～3 s，捞出后自然晾干。鸡舍集蛋的在鸡舍耳房浸泡消毒脏蛋，中央集蛋的可以在蛋库浸泡消毒脏蛋。脏蛋消毒后做好标识(可以放纸条)，方便孵化场选择合适位置放置；浸泡晾干后的种蛋和干净的种蛋一起熏蒸消毒。

④种蛋存放。发生紧急疫病的栋舍种蛋、商品蛋，均需单独存放，并做好标记。

⑤种蛋运输。鸡群发生紧急疫病后，鸡场兽医师与孵化厂做好沟通，告知为发病鸡场，确定送蛋时间，在种蛋运输车从种鸡场离开时，对车身及轮胎使用消毒液全面地喷淋消毒后车辆离开。

(4)孵化场种蛋管理

①独立运输工具。发病场区的种蛋运输车、蛋框均为专用，禁止与其他场区共用。

②运输车消毒。种蛋车到达孵化场后，孵化场首先对车身及轮胎使用上述消毒液喷淋消毒。

③独立卸蛋空间。发病场区与其他场区不交叉，要求发病场区的种蛋放在当天最后时间处理，卸蛋结束后，单独对种鸡场蛋盘、蛋车等物品冲洗消毒。后续入孵、出雏也要求该发病期种蛋放在最后，减少可能的交叉污染。

④种蛋卸车消毒。种蛋卸车后，2 h 内再次使用 2 倍量福尔马林进行熏蒸消毒，即发病鸡场的种蛋从鸡舍到孵化箱需经过 2 次 2 倍量福尔马林熏蒸消毒。

⑤种蛋及雏鸡分拣。发病期间的裂纹蛋、沙壳蛋、畸形蛋等有缺陷种蛋，不再入孵。雏鸡按公司合格雏鸡标准进行挑选，严禁不合格雏鸡进入市场。

(5)环境消毒

①鸡舍清洁与消毒。鸡舍内及鸡舍操作间，每天打扫一次，消毒一次，鸡舍内使用托管消毒，鸡舍操作间使用喷雾器或拖地消毒。

②场区环境(鸡舍以外的道路、蛋库地面、以及其他公共区域)。每天消毒至少 2 次，人员上午入舍后一次，收集完种蛋一次。每次消毒要确保消毒目标的表面全部湿润。

③污道清洁与消毒。发病期间，污道保持清洁，每天对污道地面进行 1 次消毒。发病栋舍风机端是病原污染最严重的区域，需要对发病栋舍集尘间进行特殊处理，要求每天对发病栋舍集尘间以及周边 3 m 范围进行喷雾消毒。

④鸡粪处理。发病鸡舍集中出粪，集中处理，减少鸡粪在鸡舍外的暴露次数和时间。

2. 治疗措施

(1)发病舍由专门技术人员负责，技术人员和舍内人员每天多次巡舍观察治疗效果，挑出死亡鸡，精神异常的鸡挑出后放在风机端，单独滴口给药或注射给药。发病舍死淘鸡最后单独处理，驻场技术人员定期解剖病死鸡，及时掌握病情变化。

(2)技术人员要对死淘、挑出鸡只、病情变化、鸡群精神状态等情况做整理分析，及时汇报给上级领导。

(3)治疗措施　除个别病毒病有特异性抗体治疗外，多数病毒病均无特异的治疗性药物，因此对于病毒病的治疗需理性看待，主要以清热解表、增强免疫力、补充多种维生素、抗细菌性继发感染为主，具体以兽医师开具处方为准。

3. 紧急接种

紧急预防接种并不适合所有疾病，鸡群发病后，由分公司兽医师结合生产以及线路，确定是否进行紧急预防接种。

4. 提供舒适的康复环境

舒适的康复环境包括:①温度:冬天温暖，夏天凉快;②湿度:冬天湿润，夏天不霉;③通风:冬天有鸡味，夏天不闷人;④密度:病重个体降低密度，提供便捷的食位和水位，有必要时可以人工辅助喂水、喂药;⑤净化:主动净化无法恢复的和残疾的鸡只，对于已经死亡的鸡只应立即处理;⑥减少应激:在康复前，避免免疫、转群、改变光照等应激活动。

5. 预判合理的转归周期

疾病的转归类型:①痊愈:死亡停止、产蛋恢复(一般 2～6 周);②死亡:预判合理的死亡率及死亡持续的时间;③缠绵:病情反复，需要多次用药;④后遗:预判产蛋率恢复程度。

四、实验室诊断

疾病的诊断需要通过流行特点、临床症状、解剖变化、实验室检测共 4 个方面进行综合判断，宜按部就班，忌投机取巧。实验室诊断包括病原诊断和抗体回顾性诊断，病原诊断可快速出具结果，但容易出现假阴性；抗体回顾性诊断需要时间较长，但可有效避免假阴性的发生。因此两种诊断方法要同时进行。

(1)采样时机　遇到紧急疫情，需进行 3 次采样：

第 1 次采样：鸡群判为疑似时，立即进行第 1 次采样。

第 2 次采样：当鸡群病情发展到症状明显时(一般在出现症状后 2～5 d，临床症状最明显)，进行第 2 次采样。

第 3 次采样：本次采样根据前 2 次的检测情况，确定是否采样，如前 2 次检测到病原，并与临床吻合，则不进行第 3 次检测；如果前 2 次采样均未检出病原或检测结果与临床不吻合，则需要进行第 3 次采样。

(2)采样方法

①病原检测采样方法。双拭子采样(腭裂拭子和泄殖腔拭子)。双拭子采样，需挑选有临床症状的鸡只进行采样。

以 5 只鸡为一组，5 只鸡腭裂拭子放在一起形成一个混合咽拭子病料，5 只鸡肛拭子放在一起形成一个混合肛拭子病料，即 5 只鸡形成两个检测样品。按以上方法采集 5 组，共 25 只鸡，最后形成 5 个咽拭子混合样＋5 个肛拭子混合样，共 10 个检测样品。

组织病料。濒死鸡以及死亡时间不超过 2 h 的鸡为优先采样对象，选择 6～10 只有代表性的病死鸡。

将 3～5 只鸡的同一组织病料合并在一起。当不确定某一疾病时，将 3～5 只鸡的喉头气管放在一个采样袋作为第 1 个检测混合样；将 3～5 只鸡的肝脏放在一个采样袋作为第 2 个检测混合样；将 3～5 只鸡的脾脏放在一个采样袋作为第 3 个检测混合样；将 3～5 只鸡的肾脏放在一个采样袋作为第 4 个检测混合样；如果为产蛋期，将 3～5 只鸡的输卵管放在一个采样袋作为第 5 个检测混合样。禁止将不同组织器官合并在一起。

再取 3～5 只鸡，重复以上采样动作，形成第 6～10 个合并样。通过以上采样，形成 10 个组织病料的合并样。

以上采样方式适用于大部分的病毒病采样。如果需要进行细菌分离，需要单独的采样袋，采集 1/2 肝脏和整个脾脏。

特殊病料。如果遇到肿头肿脸的情况，选择肿头肿脸的鸡 4～8 只，在以上采样基础上，采集整个鸡头送检。

平行送样。为了提高检出准确度，可按照以上方法，采集 3 份平行样，送检 3 个检测机构进行检测。

②回顾性血清检测采样方法。鸡群发病期间，场区选择有发病症状、但预判能够康复的鸡只 30 只，固定笼位饲养，采血清，做好编号(Q1-Q30)，注明为发病期间的血清，置－20 ℃冷冻保存；间隔 30 d 后，再采集同样的 30 只鸡的血清(发病期间，这 30 只不要使用任何疫苗)，注明为康复期的血清，做好编号(K1-K30)，同时送实验室检测，实验室对两次血清同时检测，进行对比分析，对疾病实现回顾性诊断。如果有条件应做到每只鸡对应，条件受限的场区，至少应做到康复前后采血的 30 只鸡为同样的 30 只鸡。做得越精细，越有利于疾病的确诊。

③组织病理学观察采样方法。经判断，如有必要进行组织病理学观察，则将采病料进行福尔马林固定，活鸡处死后立即采样，如果是死亡鸡，要求死亡时间不能超过 2 h。采样工具需要锋利的剪刀和刀片。具体采样方法如下：

选择活鸡或死亡时间不超过 2 h 的鸡只，解剖后优先选择病变明显的脏器和位置，如肝脏、肾脏、脾脏，取材大小为 2 cm×1.5 cm×(0.3～0.5) cm。

将用锋利的剪刀剪的组织样放入 10%～15%福尔马林溶液中(10%福尔马林配置方法：1 份福尔马林溶液配 9 份的水，甲醛的终浓度是 4%左右)，固定液的量为组织的 5～10 倍，不能低于 5 倍。室温条件下保存，1 周内送检。

不管用剪刀剪还是用刀片切，要求迅速、利落，避免在剪或切的过程中损坏组织的正常结构。采样做病理切片时应选择病变明显的部位。

(3)样品包装与标识

①最小包装与标识。

离心管：顶端统一写栋舍，侧面进行编号(编号规则按样品要求，可通过阿拉伯数字、采样部位、面组层笼等方式进行编号)；所有离心管，均需要首先放在一次性离心管架上。

自封袋：作为最小包装时，仅用于组织病料采集，标识为场区＋栋舍＋采样部位＋采样日期。

②中间包装与标识。所有最小包装，均需使用自封袋进行二次包装。

中间包装标识：场区＋栋舍＋采样日期＋采样人。

③外部包装与标识。使用≥2 cm 厚度的泡沫盒，箱内包括送检单统一使用集团发布的“内部场区病料送检单”，送检单需使用自封袋密封后放入泡沫箱内。用中包装密封的样品，需准备 3 个蓄冷冰袋(200 mL 规格)，如果运输时间低于 24 h，可使用 3 个冷冻矿泉水代替，严禁使用密封袋直接装冰块；蓄冷冰袋或冷冻矿泉水需使用纸张包裹 2 层以上后再放入泡沫箱。送检包装表面需写明：收样人、送样场区、送样人等信息。样品运输时间应控制在 48 h 内，并保证送达检测单位之前，不完全融化。

(4)其他　场区兽医师发起送检申请单，按固定流程审批。送检申请单中含有鸡群情况，检测项目等内容，便于后期跟踪。

用于回顾性诊断的血清，在寄送前分公司兽医师应与实验室联系，并说明等康复后血清到达后，一起检测。实验室收到发病期血清后，置－20 ℃条件下保存。

五、常见疾病检测部位及其他

1.常见疾病检测部位

实验室收到病料后，根据检测项目，选择目标组织。常见疾病检测部位见表 6-1。

表 6-1 常见疾病检测部位

疾病	检测部位
禽流感	双拭子、喉头气管、脾脏、肾脏
新城疫	双拭子、喉头气管、脾脏、肾脏
传染性支气管炎	双拭子、喉头气管、脾脏、肾脏
传染性鼻炎	整个鸡头(实验室取鼻窦棉签拭子)
传染性喉头气管炎	喉头气管
支原体	咽拭子、整条鸡腿
鸡马立克	病原检测:取有眼观病变的肝脏、脾脏等新鲜病料。组织病理切片:取有病变肝脏、脾脏等固定病料。
白血病	病毒分离:抗凝血(48 h送达检测单位,全程冷藏)。 蛋清 P27 检测:蛋清。 抗体检测:血清。 病原 PCR:有病变的肝脏、脾脏、肾脏等新鲜病料;组织病理切片:取有病变肝脏、脾脏等固定病料。
腺病毒感染	肝脏
传染性法氏囊	法氏囊
禽脑脊髓炎	脑组织
传染性贫血	肝脏、脾脏、骨髓
减蛋综合征	输卵管、泄殖腔拭子
沙门菌	肝脏、脾脏、盲肠、卵巢
戊型肝炎	肝脏

2. 紧急疫情解除

紧急疫情解除条件为主要临床症状消失 21 d 后,且没有新发病栋舍出现。

以死亡为主要临床特征的疾病,在死亡恢复发病前正常水平后 21 d,以产蛋下降为主要临床特征的疾病,在产蛋不再下降后 21 d,具体以哪种临床症状为判断依据,由分公司兽医师负责判断。紧急疫情解除后,由分公司兽医师整理材料,由兽医总监组织兽医进行病例复盘,材料归档到总部兽医师后,解散线上沟通群。

紧急疫情解除审批流程:由分公司兽医师发起申请,经兽医总监、主管副总裁,审批后生效,抄送给种鸡场、孵化场。审批通过后,除审批抄送外,分公司兽医师,还需通过线上信息将紧急疫情解除信息通知给种鸡场的场长和孵化厂的厂长。

附　录

附录一　中华人民共和国动物防疫法

中华人民共和国动物防疫法

（1997 年 7 月 3 日第八届全国人民代表大会常务委员会第二十六次会议通过　2007 年 8 月 30 日第十届全国人民代表大会常务委员会第二十九次会议第一次修订　根据 2013 年 6 月 29 日第十二届全国人民代表大会常务委员会第三次会议《关于修改〈中华人民共和国文物保护法〉等十二部法律的决定》第一次修正　根据 2015 年 4 月 24 日第十二届全国人民代表大会常务委员会第十四次会议《关于修改〈中华人民共和国电力法〉等六部法律的决定》第二次修正　2021 年 1 月 22 日第十三届全国人民代表大会常务委员会第二十五次会议第二次修订）

目　录

第一章　总　　则

第一条　为了加强对动物防疫活动的管理，预防、控制、净化、消灭动物疫病，促进养殖业发展，防控人畜共患传染病，保障公共卫生安全和人体健康，制定本法。

第二条　本法适用于在中华人民共和国领域内的动物防疫及其监督管理活动。

进出境动物、动物产品的检疫，适用《中华人民共和国进出境动植物检疫法》。

第三条　本法所称动物，是指家畜家禽和人工饲养、捕获的其他动物。

本法所称动物产品，是指动物的肉、生皮、原毛、绒、脏器、脂、血液、精液、卵、胚胎、骨、蹄、头、角、筋以及可能传播动物疫病的奶、蛋等。

本法所称动物疫病，是指动物传染病，包括寄生虫病。

本法所称动物防疫，是指动物疫病的预防、控制、诊疗、净化、消灭和动物、动物产品的检疫，以及病死动物、病害动物产品的无害化处理。

第四条　根据动物疫病对养殖业生产和人体健康的危害程度，本法规定的动物疫病分为下列三类：

（一）一类疫病，是指口蹄疫、非洲猪瘟、高致病性禽流感等对人、动物构成特别严重危害，可能造成重大经济损失和社会影响，需要采取紧急、严厉的强制预防、控制等措施的；

（二）二类疫病，是指狂犬病、布鲁氏菌病、草鱼出血病等对人、动物构成严重危害，可能造成较大经济损失和社会影响，需要采取严格预防、控制等措施的；

（三）三类疫病，是指大肠杆菌病、禽结核病、鳖腮腺炎病等常见多发，对人、动物构成危害，可能造成一定程度的经济损失和社会影响，需要及时预防、控制的。

前款一、二、三类动物疫病具体病种名录由国务院农业农村主管部门制定并公布。国务院农业农村主管部门应当根据动物疫病发生、流行情况和危害程度，及时增加、减少或者调整一、二、三类动物疫病具体病种并予以公布。

人畜共患传染病名录由国务院农业农村主管部门会同国务院卫生健康、野生动物保护等主管部门制定并公布。

第五条　动物防疫实行预防为主，预防与控制、净化、消灭相结合的方针。

第六条　国家鼓励社会力量参与动物防疫工作。各级人民政府采取措施，支持单位和个人参与动物防疫的宣传教育、疫情报告、志愿服务和捐赠等活动。

第七条　从事动物饲养、屠宰、经营、隔离、运输以及动物产品生产、经营、加工、贮藏等活动的单位和个人，依照本法和国务院农业农村主管部门的规定，做好免疫、消毒、检测、隔离、净化、消灭、无害化处理等动物防疫工作，承担动物防疫相关责任。

第八条　县级以上人民政府对动物防疫工作实行统一领导，采取有效措施稳定基层机构队伍，加强动物防疫队伍建设，建立健全动物防疫体系，制定并组织实施动物疫病防治规划。

乡级人民政府、街道办事处组织群众做好本辖区的动物疫病预防与控制工作，村民委员会、居民委员会予以协助。

第九条　国务院农业农村主管部门主管全国的动物防疫工作。

县级以上地方人民政府农业农村主管部门主管本行政区域的动物防疫工作。

县级以上人民政府其他有关部门在各自职责范围内做好动物防疫工作。

军队动物卫生监督职能部门负责军队现役动物和饲养自用动物的防疫工作。

第十条 县级以上人民政府卫生健康主管部门和本级人民政府农业农村、野生动物保护等主管部门应当建立人畜共患传染病防治的协作机制。

国务院农业农村主管部门和海关总署等部门应当建立防止境外动物疫病输入的协作机制。

第十一条 县级以上地方人民政府的动物卫生监督机构依照本法规定，负责动物、动物产品的检疫工作。

第十二条 县级以上人民政府按照国务院的规定，根据统筹规划、合理布局、综合设置的原则建立动物疫病预防控制机构。

动物疫病预防控制机构承担动物疫病的监测、检测、诊断、流行病学调查、疫情报告以及其他预防、控制等技术工作；承担动物疫病净化、消灭的技术工作。

第十三条 国家鼓励和支持开展动物疫病的科学研究以及国际合作与交流，推广先进适用的科学研究成果，提高动物疫病防治的科学技术水平。

各级人民政府和有关部门、新闻媒体，应当加强对动物防疫法律法规和动物防疫知识的宣传。

第十四条 对在动物防疫工作、相关科学研究、动物疫情扑灭中做出贡献的单位和个人，各级人民政府和有关部门按照国家有关规定给予表彰、奖励。

有关单位应当依法为动物防疫人员缴纳工伤保险费。对因参与动物防疫工作致病、致残、死亡的人员，按照国家有关规定给予补助或者抚恤。

第二章 动物疫病的预防

第十五条 国家建立动物疫病风险评估制度。

国务院农业农村主管部门根据国内外动物疫情以及保护养殖业生产和人体健康的需要，及时会同国务院卫生健康等有关部门对动物疫病进行风险评估，并制定、公布动物疫病预防、控制、净化、消灭措施和技术规范。

省、自治区、直辖市人民政府农业农村主管部门会同本级人民政府卫生健康等有关部门开展本行政区域的动物疫病风险评估，并落实动物疫病预防、控制、净化、消灭措施。

第十六条 国家对严重危害养殖业生产和人体健康的动物疫病实施强制免疫。

国务院农业农村主管部门确定强制免疫的动物疫病病种和区域。

省、自治区、直辖市人民政府农业农村主管部门制定本行政区域的强制免疫计划；根据本行政区域动物疫病流行情况增加实施强制免疫的动物疫病病种和区域，报本级人民政府批准后执行，并报国务院农业农村主管部门备案。

第十七条 饲养动物的单位和个人应当履行动物疫病强制免疫义务，按照强制免疫计划和技术规范，对动物实施免疫接种，并按照国家有关规定建立免疫档案、加施畜禽标识，保证可追溯。

实施强制免疫接种的动物未达到免疫质量要求，实施补充免疫接种后仍不符合免疫质量要求的，有关单位和个人应当按照国家有关规定处理。

用于预防接种的疫苗应当符合国家质量标准。

第十八条 县级以上地方人民政府农业农村主管部门负责组织实施动物疫病强制免疫计划，并对饲养动物的单位和个人履行强制免疫义务的情况进行监督检查。

乡级人民政府、街道办事处组织本辖区饲养动物的单位和个人做好强制免疫，协助做好监督检查；村民委员会、居民委员会协助做好相关工作。

县级以上地方人民政府农业农村主管部门应当定期对本行政区域的强制免疫计划实施情况和效果进行评估，并向社会公布评估结果。

第十九条　国家实行动物疫病监测和疫情预警制度。

县级以上人民政府建立健全动物疫病监测网络，加强动物疫病监测。

国务院农业农村主管部门会同国务院有关部门制定国家动物疫病监测计划。省、自治区、直辖市人民政府农业农村主管部门根据国家动物疫病监测计划，制定本行政区域的动物疫病监测计划。

动物疫病预防控制机构按照国务院农业农村主管部门的规定和动物疫病监测计划，对动物疫病的发生、流行等情况进行监测；从事动物饲养、屠宰、经营、隔离、运输以及动物产品生产、经营、加工、贮藏、无害化处理等活动的单位和个人不得拒绝或者阻碍。

国务院农业农村主管部门和省、自治区、直辖市人民政府农业农村主管部门根据对动物疫病发生、流行趋势的预测，及时发出动物疫情预警。地方各级人民政府接到动物疫情预警后，应当及时采取预防、控制措施。

第二十条　陆路边境省、自治区人民政府根据动物疫病防控需要，合理设置动物疫病监测站点，健全监测工作机制，防范境外动物疫病传入。

科技、海关等部门按照本法和有关法律法规的规定做好动物疫病监测预警工作，并定期与农业农村主管部门互通情况，紧急情况及时通报。

县级以上人民政府应当完善野生动物疫源疫病监测体系和工作机制，根据需要合理布局监测站点；野生动物保护、农业农村主管部门按照职责分工做好野生动物疫源疫病监测等工作，并定期互通情况，紧急情况及时通报。

第二十一条　国家支持地方建立无规定动物疫病区，鼓励动物饲养场建设无规定动物疫病生物安全隔离区。对符合国务院农业农村主管部门规定标准的无规定动物疫病区和无规定动物疫病生物安全隔离区，国务院农业农村主管部门验收合格予以公布，并对其维持情况进行监督检查。

省、自治区、直辖市人民政府制定并组织实施本行政区域的无规定动物疫病区建设方案。国务院农业农村主管部门指导跨省、自治区、直辖市无规定动物疫病区建设。

国务院农业农村主管部门根据行政区划、养殖屠宰产业布局、风险评估情况等对动物疫病实施分区防控，可以采取禁止或者限制特定动物、动物产品跨区域调运等措施。

第二十二条　国务院农业农村主管部门制定并组织实施动物疫病净化、消灭规划。

县级以上地方人民政府根据动物疫病净化、消灭规划，制定并组织实施本行政区域的动物疫病净化、消灭计划。

动物疫病预防控制机构按照动物疫病净化、消灭规划、计划，开展动物疫病净化技术指导、培训，对动物疫病净化效果进行监测、评估。

国家推进动物疫病净化，鼓励和支持饲养动物的单位和个人开展动物疫病净化。饲养动物的单位和个人达到国务院农业农村主管部门规定的净化标准的，由省级以上人民政府农业农村主管部门予以公布。

第二十三条　种用、乳用动物应当符合国务院农业农村主管部门规定的健康标准。

饲养种用、乳用动物的单位和个人，应当按照国务院农业农村主管部门的要求，定期开展动物疫病检测；检测不合格的，应当按照国家有关规定处理。

第二十四条　动物饲养场和隔离场所、动物屠宰加工场所以及动物和动物产品无害化处理场所，应当符合下列动物防疫条件：

(一)场所的位置与居民生活区、生活饮用水水源地、学校、医院等公共场所的距离符合国务院农业农村主管部门的规定；

(二)生产经营区域封闭隔离，工程设计和有关流程符合动物防疫要求；

(三)有与其规模相适应的污水、污物处理设施，病死动物、病害动物产品无害化处理设施设备或者冷藏冷冻设施设备，以及清洗消毒设施设备；

(四)有与其规模相适应的执业兽医或者动物防疫技术人员；

(五)有完善的隔离消毒、购销台账、日常巡查等动物防疫制度；

(六)具备国务院农业农村主管部门规定的其他动物防疫条件。

动物和动物产品无害化处理场所除应当符合前款规定的条件外，还应当具有病原检测设备、检测能力和符合动物防疫要求的专用运输车辆。

第二十五条　国家实行动物防疫条件审查制度。

开办动物饲养场和隔离场所、动物屠宰加工场所以及动物和动物产品无害化处理场所，应当向县级以上地方人民政府农业农村主管部门提出申请，并附具相关材料。受理申请的农业农村主管部门应当依照本法和《中华人民共和国行政许可法》的规定进行审查。经审查合格的，发给动物防疫条件合格证；不合格的，应当通知申请人并说明理由。

动物防疫条件合格证应当载明申请人的名称(姓名)、场(厂)址、动物(动物产品)种类等事项。

第二十六条　经营动物、动物产品的集贸市场应当具备国务院农业农村主管部门规定的动物防疫条件，并接受农业农村主管部门的监督检查。具体办法由国务院农业农村主管部门制定。

县级以上地方人民政府应当根据本地情况，决定在城市特定区域禁止家畜家禽活体交易。

第二十七条　动物、动物产品的运载工具、垫料、包装物、容器等应当符合国务院农业农村主管部门规定的动物防疫要求。

染疫动物及其排泄物、染疫动物产品，运载工具中的动物排泄物以及垫料、包装物、容器等被污染的物品，应当按照国家有关规定处理，不得随意处置。

第二十八条　采集、保存、运输动物病料或者病原微生物以及从事病原微生物研究、教学、检测、诊断等活动，应当遵守国家有关病原微生物实验室管理的规定。

第二十九条　禁止屠宰、经营、运输下列动物和生产、经营、加工、贮藏、运输下列动物产品：

(一)封锁疫区内与所发生动物疫病有关的；

(二)疫区内易感染的；

(三)依法应当检疫而未经检疫或者检疫不合格的；

(四)染疫或者疑似染疫的；

(五)病死或者死因不明的；

(六)其他不符合国务院农业农村主管部门有关动物防疫规定的。

因实施集中无害化处理需要暂存、运输动物和动物产品并按照规定采取防疫措施的，不适用前款规定。

第三十条　单位和个人饲养犬只，应当按照规定定期免疫接种狂犬病疫苗，凭动物诊疗机构出具的免疫证明向所在地养犬登记机关申请登记。

携带犬只出户的，应当按照规定佩戴犬牌并采取系犬绳等措施，防止犬只伤人、疫病传播。

街道办事处、乡级人民政府组织协调居民委员会、村民委员会，做好本辖区流浪犬、猫的控制和处置，防止疫病传播。

县级人民政府和乡级人民政府、街道办事处应当结合本地实际，做好农村地区饲养犬只的防疫管理工作。

饲养犬只防疫管理的具体办法，由省、自治区、直辖市制定。

第三章　动物疫情的报告、通报和公布

第三十一条　从事动物疫病监测、检测、检验检疫、研究、诊疗以及动物饲养、屠宰、经营、隔离、运输等活动的单位和个人，发现动物染疫或者疑似染疫的，应当立即向所在地农业农村主管部门或者动物疫病预防控制机构报告，并迅速采取隔离等控制措施，防止动物疫情扩散。其他单位和个人发现动物染疫或者疑似染疫的，应当及时报告。

接到动物疫情报告的单位，应当及时采取临时隔离控制等必要措施，防止延误防控时机，并及时按照国家规定的程序上报。

第三十二条　动物疫情由县级以上人民政府农业农村主管部门认定；其中重大动物疫情由省、自治区、直辖市人民政府农业农村主管部门认定，必要时报国务院农业农村主管部门认定。

本法所称重大动物疫情，是指一、二、三类动物疫病突然发生，迅速传播，给养殖业生产安全造成严重威胁、危害，以及可能对公众身体健康与生命安全造成危害的情形。

在重大动物疫情报告期间，必要时，所在地县级以上地方人民政府可以作出封锁决定并采取扑杀、销毁等措施。

第三十三条　国家实行动物疫情通报制度。

国务院农业农村主管部门应当及时向国务院卫生健康等有关部门和军队有关部门以及省、自治区、直辖市人民政府农业农村主管部门通报重大动物疫情的发生和处置情况。

海关发现进出境动物和动物产品染疫或者疑似染疫的，应当及时处置并向农业农村主管部门通报。

县级以上地方人民政府野生动物保护主管部门发现野生动物染疫或者疑似染疫的，应当及时处置并向本级人民政府农业农村主管部门通报。

国务院农业农村主管部门应当依照我国缔结或者参加的条约、协定，及时向有关国际组织或者贸易方通报重大动物疫情的发生和处置情况。

第三十四条　发生人畜共患传染病疫情时，县级以上人民政府农业农村主管部门与本级人民政府卫生健康、野生动物保护等主管部门应当及时相互通报。

发生人畜共患传染病时，卫生健康主管部门应当对疫区易感染的人群进行监测，并应当依照《中华人民共和国传染病防治法》的规定及时公布疫情，采取相应的预防、控制措施。

第三十五条　患有人畜共患传染病的人员不得直接从事动物疫病监测、检测、检验检疫、

诊疗以及易感染动物的饲养、屠宰、经营、隔离、运输等活动。

第三十六条　国务院农业农村主管部门向社会及时公布全国动物疫情，也可以根据需要授权省、自治区、直辖市人民政府农业农村主管部门公布本行政区域的动物疫情。其他单位和个人不得发布动物疫情。

第三十七条　任何单位和个人不得瞒报、谎报、迟报、漏报动物疫情，不得授意他人瞒报、谎报、迟报动物疫情，不得阻碍他人报告动物疫情。

第四章　动物疫病的控制

第三十八条　发生一类动物疫病时，应当采取下列控制措施：

（一）所在地县级以上地方人民政府农业农村主管部门应当立即派人到现场，划定疫点、疫区、受威胁区，调查疫源，及时报请本级人民政府对疫区实行封锁。疫区范围涉及两个以上行政区域的，由有关行政区域共同的上一级人民政府对疫区实行封锁，或者由各有关行政区域的上一级人民政府共同对疫区实行封锁。必要时，上级人民政府可以责成下级人民政府对疫区实行封锁；

（二）县级以上地方人民政府应当立即组织有关部门和单位采取封锁、隔离、扑杀、销毁、消毒、无害化处理、紧急免疫接种等强制性措施；

（三）在封锁期间，禁止染疫、疑似染疫和易感染的动物、动物产品流出疫区，禁止非疫区的易感染动物进入疫区，并根据需要对出入疫区的人员、运输工具及有关物品采取消毒和其他限制性措施。

第三十九条　发生二类动物疫病时，应当采取下列控制措施：

（一）所在地县级以上地方人民政府农业农村主管部门应当划定疫点、疫区、受威胁区；

（二）县级以上地方人民政府根据需要组织有关部门和单位采取隔离、扑杀、销毁、消毒、无害化处理、紧急免疫接种、限制易感染的动物和动物产品及有关物品出入等措施。

第四十条　疫点、疫区、受威胁区的撤销和疫区封锁的解除，按照国务院农业农村主管部门规定的标准和程序评估后，由原决定机关决定并宣布。

第四十一条　发生三类动物疫病时，所在地县级、乡级人民政府应当按照国务院农业农村主管部门的规定组织防治。

第四十二条　二、三类动物疫病呈暴发性流行时，按照一类动物疫病处理。

第四十三条　疫区内有关单位和个人，应当遵守县级以上人民政府及其农业农村主管部门依法作出的有关控制动物疫病的规定。

任何单位和个人不得藏匿、转移、盗掘已被依法隔离、封存、处理的动物和动物产品。

第四十四条　发生动物疫情时，航空、铁路、道路、水路运输企业应当优先组织运送防疫人员和物资。

第四十五条　国务院农业农村主管部门根据动物疫病的性质、特点和可能造成的社会危害，制定国家重大动物疫情应急预案报国务院批准，并按照不同动物疫病病种、流行特点和危害程度，分别制定实施方案。

县级以上地方人民政府根据上级重大动物疫情应急预案和本地区的实际情况，制定本行政区域的重大动物疫情应急预案，报上一级人民政府农业农村主管部门备案，并抄送上一级人民政府应急管理部门。县级以上地方人民政府农业农村主管部门按照不同动物疫病病种、流行特点和危害程度，分别制定实施方案。

重大动物疫情应急预案和实施方案根据疫情状况及时调整。

第四十六条　发生重大动物疫情时，国务院农业农村主管部门负责划定动物疫病风险区，禁止或者限制特定动物、动物产品由高风险区向低风险区调运。

第四十七条　发生重大动物疫情时，依照法律和国务院的规定以及应急预案采取应急处置措施。

第五章　动物和动物产品的检疫

第四十八条　动物卫生监督机构依照本法和国务院农业农村主管部门的规定对动物、动物产品实施检疫。

动物卫生监督机构的官方兽医具体实施动物、动物产品检疫。

第四十九条　屠宰、出售或者运输动物以及出售或者运输动物产品前，货主应当按照国务院农业农村主管部门的规定向所在地动物卫生监督机构申报检疫。

动物卫生监督机构接到检疫申报后，应当及时指派官方兽医对动物、动物产品实施检疫；检疫合格的，出具检疫证明、加施检疫标志。实施检疫的官方兽医应当在检疫证明、检疫标志上签字或者盖章，并对检疫结论负责。

动物饲养场、屠宰企业的执业兽医或者动物防疫技术人员，应当协助官方兽医实施检疫。

第五十条　因科研、药用、展示等特殊情形需要非食用性利用的野生动物，应当按照国家有关规定报动物卫生监督机构检疫，检疫合格的，方可利用。

人工捕获的野生动物，应当按照国家有关规定报捕获地动物卫生监督机构检疫，检疫合格的，方可饲养、经营和运输。

国务院农业农村主管部门会同国务院野生动物保护主管部门制定野生动物检疫办法。

第五十一条　屠宰、经营、运输的动物，以及用于科研、展示、演出和比赛等非食用性利用的动物，应当附有检疫证明；经营和运输的动物产品，应当附有检疫证明、检疫标志。

第五十二条　经航空、铁路、道路、水路运输动物和动物产品的，托运人托运时应当提供检疫证明；没有检疫证明的，承运人不得承运。

进出口动物和动物产品，承运人凭进口报关单证或者海关签发的检疫单证运递。

从事动物运输的单位、个人以及车辆，应当向所在地县级人民政府农业农村主管部门备案，妥善保存行程路线和托运人提供的动物名称、检疫证明编号、数量等信息。具体办法由国务院农业农村主管部门制定。

运载工具在装载前和卸载后应当及时清洗、消毒。

第五十三条　省、自治区、直辖市人民政府确定并公布道路运输的动物进入本行政区域的指定通道，设置引导标志。跨省、自治区、直辖市通过道路运输动物的，应当经省、自治区、直辖市人民政府设立的指定通道入省境或者过省境。

第五十四条　输入到无规定动物疫病区的动物、动物产品，货主应当按照国务院农业农村主管部门的规定向无规定动物疫病区所在地动物卫生监督机构申报检疫，经检疫合格的，方可进入。

第五十五条　跨省、自治区、直辖市引进的种用、乳用动物到达输入地后，货主应当按照国务院农业农村主管部门的规定对引进的种用、乳用动物进行隔离观察。

第五十六条　经检疫不合格的动物、动物产品，货主应当在农业农村主管部门的监督下按照国家有关规定处理，处理费用由货主承担。

第六章　病死动物和病害动物产品的无害化处理

第五十七条　从事动物饲养、屠宰、经营、隔离以及动物产品生产、经营、加工、贮藏等活动的单位和个人，应当按照国家有关规定做好病死动物、病害动物产品的无害化处理，或者委托动物和动物产品无害化处理场所处理。

从事动物、动物产品运输的单位和个人，应当配合做好病死动物和病害动物产品的无害化处理，不得在途中擅自弃置和处理有关动物和动物产品。

任何单位和个人不得买卖、加工、随意弃置病死动物和病害动物产品。

动物和动物产品无害化处理管理办法由国务院农业农村、野生动物保护主管部门按照职责制定。

第五十八条　在江河、湖泊、水库等水域发现的死亡畜禽，由所在地县级人民政府组织收集、处理并溯源。

在城市公共场所和乡村发现的死亡畜禽，由所在地街道办事处、乡级人民政府组织收集、处理并溯源。

在野外环境发现的死亡野生动物，由所在地野生动物保护主管部门收集、处理。

第五十九条　省、自治区、直辖市人民政府制定动物和动物产品集中无害化处理场所建设规划，建立政府主导、市场运作的无害化处理机制。

第六十条　各级财政对病死动物无害化处理提供补助。具体补助标准和办法由县级以上人民政府财政部门会同本级人民政府农业农村、野生动物保护等有关部门制定。

第七章　动物诊疗

第六十一条　从事动物诊疗活动的机构，应当具备下列条件：

（一）有与动物诊疗活动相适应并符合动物防疫条件的场所；

（二）有与动物诊疗活动相适应的执业兽医；

（三）有与动物诊疗活动相适应的兽医器械和设备；

（四）有完善的管理制度。

动物诊疗机构包括动物医院、动物诊所以及其他提供动物诊疗服务的机构。

第六十二条　从事动物诊疗活动的机构，应当向县级以上地方人民政府农业农村主管部门申请动物诊疗许可证。受理申请的农业农村主管部门应当依照本法和《中华人民共和国行政许可法》的规定进行审查。经审查合格的，发给动物诊疗许可证；不合格的，应当通知申请人并说明理由。

第六十三条　动物诊疗许可证应当载明诊疗机构名称、诊疗活动范围、从业地点和法定代表人（负责人）等事项。

动物诊疗许可证载明事项变更的，应当申请变更或者换发动物诊疗许可证。

第六十四条　动物诊疗机构应当按照国务院农业农村主管部门的规定，做好诊疗活动中的卫生安全防护、消毒、隔离和诊疗废弃物处置等工作。

第六十五条　从事动物诊疗活动，应当遵守有关动物诊疗的操作技术规范，使用符合规定的兽药和兽医器械。

兽药和兽医器械的管理办法由国务院规定。

第八章　兽医管理

第六十六条　国家实行官方兽医任命制度。

官方兽医应当具备国务院农业农村主管部门规定的条件，由省、自治区、直辖市人民政府农业农村主管部门按照程序确认，由所在地县级以上人民政府农业农村主管部门任命。具体办法由国务院农业农村主管部门制定。

海关的官方兽医应当具备规定的条件，由海关总署任命。具体办法由海关总署会同国务院农业农村主管部门制定。

第六十七条　官方兽医依法履行动物、动物产品检疫职责，任何单位和个人不得拒绝或者阻碍。

第六十八条　县级以上人民政府农业农村主管部门制定官方兽医培训计划，提供培训条件，定期对官方兽医进行培训和考核。

第六十九条　国家实行执业兽医资格考试制度。具有兽医相关专业大学专科以上学历的人员或者符合条件的乡村兽医，通过执业兽医资格考试的，由省、自治区、直辖市人民政府农业农村主管部门颁发执业兽医资格证书；从事动物诊疗等经营活动的，还应当向所在地县级人民政府农业农村主管部门备案。

执业兽医资格考试办法由国务院农业农村主管部门商国务院人力资源主管部门制定。

第七十条　执业兽医开具兽医处方应当亲自诊断，并对诊断结论负责。

国家鼓励执业兽医接受继续教育。执业兽医所在机构应当支持执业兽医参加继续教育。

第七十一条　乡村兽医可以在乡村从事动物诊疗活动。具体管理办法由国务院农业农村主管部门制定。

第七十二条　执业兽医、乡村兽医应当按照所在地人民政府和农业农村主管部门的要求，参加动物疫病预防、控制和动物疫情扑灭等活动。

第七十三条　兽医行业协会提供兽医信息、技术、培训等服务，维护成员合法权益，按照章程建立健全行业规范和奖惩机制，加强行业自律，推动行业诚信建设，宣传动物防疫和兽医知识。

第九章　监督管理

第七十四条　县级以上地方人民政府农业农村主管部门依照本法规定，对动物饲养、屠宰、经营、隔离、运输以及动物产品生产、经营、加工、贮藏、运输等活动中的动物防疫实施监督管理。

第七十五条　为控制动物疫病，县级人民政府农业农村主管部门应当派人在所在地依法设立的现有检查站执行监督检查任务；必要时，经省、自治区、直辖市人民政府批准，可以设立临时性的动物防疫检查站，执行监督检查任务。

第七十六条　县级以上地方人民政府农业农村主管部门执行监督检查任务，可以采取下列措施，有关单位和个人不得拒绝或者阻碍：

（一）对动物、动物产品按照规定采样、留验、抽检；

（二）对染疫或者疑似染疫的动物、动物产品及相关物品进行隔离、查封、扣押和处理；

（三）对依法应当检疫而未经检疫的动物和动物产品，具备补检条件的实施补检，不具备补检条件的予以收缴销毁；

（四）查验检疫证明、检疫标志和畜禽标识；

（五）进入有关场所调查取证，查阅、复制与动物防疫有关的资料。

县级以上地方人民政府农业农村主管部门根据动物疫病预防、控制需要，经所在地县级以上地方人民政府批准，可以在车站、港口、机场等相关场所派驻官方兽医或者工作人员。

第七十七条　执法人员执行动物防疫监督检查任务，应当出示行政执法证件，佩带统一标志。

县级以上人民政府农业农村主管部门及其工作人员不得从事与动物防疫有关的经营性活动，进行监督检查不得收取任何费用。

第七十八条　禁止转让、伪造或者变造检疫证明、检疫标志或者畜禽标识。

禁止持有、使用伪造或者变造的检疫证明、检疫标志或者畜禽标识。

检疫证明、检疫标志的管理办法由国务院农业农村主管部门制定。

第十章　保障措施

第七十九条　县级以上人民政府应当将动物防疫工作纳入本级国民经济和社会发展规划及年度计划。

第八十条　国家鼓励和支持动物防疫领域新技术、新设备、新产品等科学技术研究开发。

第八十一条　县级人民政府应当为动物卫生监督机构配备与动物、动物产品检疫工作相适应的官方兽医，保障检疫工作条件。

县级人民政府农业农村主管部门可以根据动物防疫工作需要，向乡、镇或者特定区域派驻兽医机构或者工作人员。

第八十二条　国家鼓励和支持执业兽医、乡村兽医和动物诊疗机构开展动物防疫和疫病诊疗活动；鼓励养殖企业、兽药及饲料生产企业组建动物防疫服务团队，提供防疫服务。地方人民政府组织村级防疫员参加动物疫病防治工作的，应当保障村级防疫员合理劳务报酬。

第八十三条　县级以上人民政府按照本级政府职责，将动物疫病的监测、预防、控制、净化、消灭，动物、动物产品的检疫和病死动物的无害化处理，以及监督管理所需经费纳入本级预算。

第八十四条　县级以上人民政府应当储备动物疫情应急处置所需的防疫物资。

第八十五条　对在动物疫病预防、控制、净化、消灭过程中强制扑杀的动物、销毁的动物产品和相关物品，县级以上人民政府给予补偿。具体补偿标准和办法由国务院财政部门会同有关部门制定。

第八十六条　对从事动物疫病预防、检疫、监督检查、现场处理疫情以及在工作中接触动物疫病病原体的人员，有关单位按照国家规定，采取有效的卫生防护、医疗保健措施，给予畜牧兽医医疗卫生津贴等相关待遇。

第十一章　法律责任

第八十七条　地方各级人民政府及其工作人员未依照本法规定履行职责的，对直接负责的主管人员和其他直接责任人员依法给予处分。

第八十八条　县级以上人民政府农业农村主管部门及其工作人员违反本法规定，有下列行为之一的，由本级人民政府责令改正，通报批评；对直接负责的主管人员和其他直接责任人员依法给予处分：

(一)未及时采取预防、控制、扑灭等措施的；

(二)对不符合条件的颁发动物防疫条件合格证、动物诊疗许可证，或者对符合条件的拒不颁发动物防疫条件合格证、动物诊疗许可证的；

(三)从事与动物防疫有关的经营性活动，或者违法收取费用的；

(四)其他未依照本法规定履行职责的行为。

第八十九条　动物卫生监督机构及其工作人员违反本法规定，有下列行为之一的，由本级人民政府或者农业农村主管部门责令改正，通报批评；对直接负责的主管人员和其他直接责任人员依法给予处分：

(一)对未经检疫或者检疫不合格的动物、动物产品出具检疫证明、加施检疫标志，或者对检疫合格的动物、动物产品拒不出具检疫证明、加施检疫标志的；

(二)对附有检疫证明、检疫标志的动物、动物产品重复检疫的；

(三)从事与动物防疫有关的经营性活动，或者违法收取费用的；

(四)其他未依照本法规定履行职责的行为。

第九十条　动物疫病预防控制机构及其工作人员违反本法规定，有下列行为之一的，由本级人民政府或者农业农村主管部门责令改正，通报批评；对直接负责的主管人员和其他直接责任人员依法给予处分：

(一)未履行动物疫病监测、检测、评估职责或者伪造监测、检测、评估结果的；

(二)发生动物疫情时未及时进行诊断、调查的；

(三)接到染疫或者疑似染疫报告后，未及时按照国家规定采取措施、上报的；

(四)其他未依照本法规定履行职责的行为。

第九十一条　地方各级人民政府、有关部门及其工作人员瞒报、谎报、迟报、漏报或者授意他人瞒报、谎报、迟报动物疫情，或者阻碍他人报告动物疫情的，由上级人民政府或者有关部门责令改正，通报批评；对直接负责的主管人员和其他直接责任人员依法给予处分。

第九十二条　违反本法规定，有下列行为之一的，由县级以上地方人民政府农业农村主管部门责令限期改正，可以处一千元以下罚款；逾期不改正的，处一千元以上五千元以下罚款，由县级以上地方人民政府农业农村主管部门委托动物诊疗机构、无害化处理场所等代为处理，所需费用由违法行为人承担：

(一)对饲养的动物未按照动物疫病强制免疫计划或者免疫技术规范实施免疫接种的；

(二)对饲养的种用、乳用动物未按照国务院农业农村主管部门的要求定期开展疫病检测，或者经检测不合格而未按照规定处理的；

(三)对饲养的犬只未按照规定定期进行狂犬病免疫接种的；

(四)动物、动物产品的运载工具在装载前和卸载后未按照规定及时清洗、消毒的。

第九十三条　违反本法规定，对经强制免疫的动物未按照规定建立免疫档案，或者未按照规定加施畜禽标识的，依照《中华人民共和国畜牧法》的有关规定处罚。

第九十四条　违反本法规定，动物、动物产品的运载工具、垫料、包装物、容器等不符合国务院农业农村主管部门规定的动物防疫要求的，由县级以上地方人民政府农业农村主管部门责令改正，可以处五千元以下罚款；情节严重的，处五千元以上五万元以下罚款。

第九十五条　违反本法规定，对染疫动物及其排泄物、染疫动物产品或者被染疫动物、动物产品污染的运载工具、垫料、包装物、容器等未按照规定处置的，由县级以上地方人民政府农业农村主管部门责令限期处理；逾期不处理的，由县级以上地方人民政府农业农村主管部门委托有关单位代为处理，所需费用由违法行为人承担，处五千元以上五万元以下罚款。

造成环境污染或者生态破坏的，依照环境保护有关法律法规进行处罚。

第九十六条　违反本法规定，患有人畜共患传染病的人员，直接从事动物疫病监测、检测、检验检疫，动物诊疗以及易感染动物的饲养、屠宰、经营、隔离、运输等活动的，由县级以上地方人民政府农业农村或者野生动物保护主管部门责令改正；拒不改正的，处一千元以上一万元以下罚款；情节严重的，处一万元以上五万元以下罚款。

第九十七条　违反本法第二十九条规定，屠宰、经营、运输动物或者生产、经营、加工、贮藏、运输动物产品的，由县级以上地方人民政府农业农村主管部门责令改正、采取补救措施，没收违法所得、动物和动物产品，并处同类检疫合格动物、动物产品货值金额十五倍以上三十倍以下罚款；同类检疫合格动物、动物产品货值金额不足一万元的，并处五万元以上十五万元以下罚款；其中依法应当检疫而未检疫的，依照本法第一百条的规定处罚。

前款规定的违法行为人及其法定代表人（负责人）、直接负责的主管人员和其他直接责任人员，自处罚决定作出之日起五年内不得从事相关活动；构成犯罪的，终身不得从事屠宰、经营、运输动物或者生产、经营、加工、贮藏、运输动物产品等相关活动。

第九十八条　违反本法规定，有下列行为之一的，由县级以上地方人民政府农业农村主管部门责令改正，处三千元以上三万元以下罚款；情节严重的，责令停业整顿，并处三万元以上十万元以下罚款：

（一）开办动物饲养场和隔离场所、动物屠宰加工场所以及动物和动物产品无害化处理场所，未取得动物防疫条件合格证的；

（二）经营动物、动物产品的集贸市场不具备国务院农业农村主管部门规定的防疫条件的；

（三）未经备案从事动物运输的；

（四）未按照规定保存行程路线和托运人提供的动物名称、检疫证明编号、数量等信息的；

（五）未经检疫合格，向无规定动物疫病区输入动物、动物产品的；

（六）跨省、自治区、直辖市引进种用、乳用动物到达输入地后未按照规定进行隔离观察的；

（七）未按照规定处理或者随意弃置病死动物、病害动物产品的。

第九十九条　动物饲养场和隔离场所、动物屠宰加工场所以及动物和动物产品无害化处理场所，生产经营条件发生变化，不再符合本法第二十四条规定的动物防疫条件继续从事相关活动的，由县级以上地方人民政府农业农村主管部门给予警告，责令限期改正；逾期仍达不到规定条件的，吊销动物防疫条件合格证，并通报市场监督管理部门依法处理。

第一百条　违反本法规定，屠宰、经营、运输的动物未附有检疫证明，经营和运输的动物产品未附有检疫证明、检疫标志的，由县级以上地方人民政府农业农村主管部门责令改正，处同类检疫合格动物、动物产品货值金额一倍以下罚款；对货主以外的承运人处运输费用三倍以上五倍以下罚款，情节严重的，处五倍以上十倍以下罚款。

违反本法规定，用于科研、展示、演出和比赛等非食用性利用的动物未附有检疫证明的，由县级以上地方人民政府农业农村主管部门责令改正，处三千元以上一万元以下罚款。

第一百零一条　违反本法规定，将禁止或者限制调运的特定动物、动物产品由动物疫病高风险区调入低风险区的，由县级以上地方人民政府农业农村主管部门没收运输费用、违法运输的动物和动物产品，并处运输费用一倍以上五倍以下罚款。

第一百零二条　违反本法规定，通过道路跨省、自治区、直辖市运输动物，未经省、自治区、直辖市人民政府设立的指定通道入省境或者过省境的，由县级以上地方人民政府农业农村主管部门对运输人处五千元以上一万元以下罚款；情节严重的，处一万元以上五万元以下罚款。

第一百零三条　违反本法规定，转让、伪造或者变造检疫证明、检疫标志或者畜禽标识的，由县级以上地方人民政府农业农村主管部门没收违法所得和检疫证明、检疫标志、畜禽标识，并处五千元以上五万元以下罚款。

持有、使用伪造或者变造的检疫证明、检疫标志或者畜禽标识的，由县级以上人民政府农业农村主管部门没收检疫证明、检疫标志、畜禽标识和对应的动物、动物产品，并处三千元以上三万元以下罚款。

第一百零四条　违反本法规定，有下列行为之一的，由县级以上地方人民政府农业农村主管部门责令改正，处三千元以上三万元以下罚款：

（一）擅自发布动物疫情的；

（二）不遵守县级以上人民政府及其农业农村主管部门依法作出的有关控制动物疫病规定的；

（三）藏匿、转移、盗掘已被依法隔离、封存、处理的动物和动物产品的。

第一百零五条　违反本法规定，未取得动物诊疗许可证从事动物诊疗活动的，由县级以上地方人民政府农业农村主管部门责令停止诊疗活动，没收违法所得，并处违法所得一倍以上三倍以下罚款；违法所得不足三万元的，并处三千元以上三万元以下罚款。

动物诊疗机构违反本法规定，未按照规定实施卫生安全防护、消毒、隔离和处置诊疗废弃物的，由县级以上地方人民政府农业农村主管部门责令改正，处一千元以上一万元以下罚款；造成动物疫病扩散的，处一万元以上五万元以下罚款；情节严重的，吊销动物诊疗许可证。

第一百零六条　违反本法规定，未经执业兽医备案从事经营性动物诊疗活动的，由县级以上地方人民政府农业农村主管部门责令停止动物诊疗活动，没收违法所得，并处三千元以上三万元以下罚款；对其所在的动物诊疗机构处一万元以上五万元以下罚款。

执业兽医有下列行为之一的，由县级以上地方人民政府农业农村主管部门给予警告，责令暂停六个月以上一年以下动物诊疗活动；情节严重的，吊销执业兽医资格证书：

（一）违反有关动物诊疗的操作技术规范，造成或者可能造成动物疫病传播、流行的；

（二）使用不符合规定的兽药和兽医器械的；

（三）未按照当地人民政府或者农业农村主管部门要求参加动物疫病预防、控制和动物疫情扑灭活动的。

第一百零七条　违反本法规定，生产经营兽医器械，产品质量不符合要求的，由县级以上地方人民政府农业农村主管部门责令限期整改；情节严重的，责令停业整顿，并处二万元以上十万元以下罚款。

第一百零八条　违反本法规定，从事动物疫病研究、诊疗和动物饲养、屠宰、经营、隔离、运输，以及动物产品生产、经营、加工、贮藏、无害化处理等活动的单位和个人，有下列行为之一的，由县级以上地方人民政府农业农村主管部门责令改正，可以处一万元以下罚款；拒不改正的，处一万元以上五万元以下罚款，并可以责令停业整顿：

(一)发现动物染疫、疑似染疫未报告，或者未采取隔离等控制措施的；

(二)不如实提供与动物防疫有关的资料的；

(三)拒绝或者阻碍农业农村主管部门进行监督检查的；

(四)拒绝或者阻碍动物疫病预防控制机构进行动物疫病监测、检测、评估的；

(五)拒绝或者阻碍官方兽医依法履行职责的。

第一百零九条　违反本法规定，造成人畜共患传染病传播、流行的，依法从重给予处分、处罚。

违反本法规定，构成违反治安管理行为的，依法给予治安管理处罚；构成犯罪的，依法追究刑事责任。

违反本法规定，给他人人身、财产造成损害的，依法承担民事责任。

第十二章　附　　则

第一百一十条　本法下列用语的含义：

(一)无规定动物疫病区，是指具有天然屏障或者采取人工措施，在一定期限内没有发生规定的一种或者几种动物疫病，并经验收合格的区域；

(二)无规定动物疫病生物安全隔离区，是指处于同一生物安全管理体系下，在一定期限内没有发生规定的一种或者几种动物疫病的若干动物饲养场及其辅助生产场所构成的，并经验收合格的特定小型区域；

(三)病死动物，是指染疫死亡、因病死亡、死因不明或者经检验检疫可能危害人体或者动物健康的死亡动物；

(四)病害动物产品，是指来源于病死动物的产品，或者经检验检疫可能危害人体或者动物健康的动物产品。

第一百一十一条　境外无规定动物疫病区和无规定动物疫病生物安全隔离区的无疫等效性评估，参照本法有关规定执行。

第一百一十二条　实验动物防疫有特殊要求的，按照实验动物管理的有关规定执行。

第一百一十三条　本法自 2021 年 5 月 1 日起施行。

附录二　一、二、三类动物疫病病种名录

中华人民共和国农业农村部公告　第 573 号

根据《中华人民共和国动物防疫法》有关规定，我部对原《一、二、三类动物疫病病种名录》进行了修订，现予发布，自发布之日起施行。2008 年发布的中华人民共和国农业部公告第 1125 号、2011 年发布的中华人民共和国农业部公告第 1663 号、2013 年发布的中华人民共和国农业部公告第 1950 号同时废止。

特此公告。

附件：一、二、三类动物疫病病种名录

农业农村部
2022年6月23日

附件

一、二、三类动物疫病病种名录

一类动物疫病(11种)

口蹄疫、猪水疱病、非洲猪瘟、尼帕病毒性脑炎、非洲马瘟、牛海绵状脑病、牛瘟、牛传染性胸膜肺炎、痒病、小反刍兽疫、高致病性禽流感

二类动物疫病(37种)

多种动物共患病(7种)：狂犬病、布鲁氏菌病、炭疽、蓝舌病、日本脑炎、棘球蚴病、日本血吸虫病

牛病(3种)：牛结节性皮肤病、牛传染性鼻气管炎(传染性脓疱外阴阴道炎)、牛结核病

绵羊和山羊病(2种)：绵羊痘和山羊痘、山羊传染性胸膜肺炎

马病(2种)：马传染性贫血、马鼻疽

猪病(3种)：猪瘟、猪繁殖与呼吸综合征、猪流行性腹泻

禽病(3种)：新城疫、鸭瘟、小鹅瘟

兔病(1种)：兔出血症

蜜蜂病(2种)：美洲蜜蜂幼虫腐臭病、欧洲蜜蜂幼虫腐臭病

鱼类病(11种)：鲤春病毒血症、草鱼出血病、传染性脾肾坏死病、锦鲤疱疹病毒病、刺激隐核虫病、淡水鱼细菌性败血症、病毒性神经坏死病、传染性造血器官坏死病、流行性溃疡综合征、鲫造血器官坏死病、鲤浮肿病

甲壳类病(3种)：白斑综合征、十足目虹彩病毒病、虾肝肠胞虫病

三类动物疫病(126种)

多种动物共患病(25种)：伪狂犬病、轮状病毒感染、产气荚膜梭菌病、大肠埃希菌病、巴氏杆菌病、沙门菌病、李氏杆菌病、链球菌病、溶血性曼氏杆菌病、副结核病、类鼻疽、支原体病、衣原体病、附红细胞体病、Q热、钩端螺旋体病、东毕吸虫病、华支睾吸虫病、囊尾蚴病、片形吸虫病、旋毛虫病、血矛线虫病、弓形虫病、伊氏锥虫病、隐孢子虫病

牛病(10种)：牛病毒性腹泻、牛恶性卡他热、地方流行性牛白血病、牛流行热、牛冠状病毒感染、牛赤羽病、牛生殖道弯曲杆菌病、毛滴虫病、牛梨形虫病、牛无浆体病

绵羊和山羊病(7种)：山羊关节炎/脑炎、梅迪-维斯纳病、绵羊肺腺瘤病、羊传染性脓疱皮炎、干酪性淋巴结炎、羊梨形虫病、羊无浆体病

马病(8种)：马流行性淋巴管炎、马流感、马腺疫、马鼻肺炎、马病毒性动脉炎、马传染性子宫炎、马媾疫、马梨形虫病

猪病(13种)：猪细小病毒感染、猪丹毒、猪传染性胸膜肺炎、猪波氏菌病、猪圆环病毒病、格拉瑟病、猪传染性胃肠炎、猪流感、猪丁型冠状病毒感染、猪塞内卡病毒感染、仔猪红痢、猪痢

疾、猪增生性肠病

禽病(21 种):禽传染性喉气管炎、禽传染性支气管炎、禽白血病、传染性法氏囊病、鸡马立克病、禽痘、鸭病毒性肝炎、鸭浆膜炎、鸡球虫病、低致病性禽流感、禽网状内皮组织增殖病、鸡病毒性关节炎、禽传染性脑脊髓炎、鸡传染性鼻炎、禽坦布苏病毒感染、禽腺病毒感染、鸡传染性贫血、禽偏肺病毒感染、鸡红螨病、鸡坏死性肠炎、鸭呼肠孤病毒感染

兔病(2 种):兔波氏菌病、兔球虫病

蚕、蜂病(8 种):蚕多角体病、蚕白僵病、蚕微粒子病、蜂螨病、瓦螨病、亮热厉螨病、蜜蜂孢子虫病、白垩病

犬猫等动物病(10 种):水貂阿留申病、水貂病毒性肠炎、犬瘟热、犬细小病毒病、犬传染性肝炎、猫泛白细胞减少症、猫嵌杯病毒感染、猫传染性腹膜炎、犬巴贝斯虫病、利什曼原虫病

鱼类病(11 种):真鲷虹彩病毒病、传染性胰脏坏死病、牙鲆弹状病毒病、鱼爱德华氏菌病、链球菌病、细菌性肾病、杀鲑气单胞菌病、小瓜虫病、黏孢子虫病、三代虫病、指环虫病

甲壳类病(5 种):黄头病、桃拉综合征、传染性皮下和造血组织坏死病、急性肝胰腺坏死病、河蟹螺原体病

贝类病(3 种):鲍疱疹病毒病、奥尔森派琴虫病、牡蛎疱疹病毒病

两栖与爬行类病(3 种):两栖类蛙虹彩病毒病、鳖腮腺炎病、蛙脑膜炎败血症

附录三　病死及病害动物无害化处理技术规范

农业部关于印发《病死及病害动物无害化处理技术规范》的通知

农医发〔2017〕25 号

各省(自治区、直辖市)畜牧兽医(农牧、农业)厅(局、委、办),新疆生产建设兵团农业局:

为进一步规范病死及病害动物和相关动物产品无害化处理操作,防止动物疫病传播扩散,保障动物产品质量安全,根据《中华人民共和国动物防疫法》《生猪屠宰管理条例》《畜禽规模养殖污染防治条例》等有关法律法规,我部组织制定了《病死及病害动物无害化处理技术规范》,现印发给你们,请遵照执行。我部发布的动物检疫规程、相关动物疫病防治技术规范中,涉及对病死及病害动物和相关动物产品进行无害化处理的,按本规范执行。

自本规范发布之日起,《病死动物无害化处理技术规范》(农医发〔2013〕34 号)同时废止。

农业部

2017 年 7 月 3 日

病死及病害动物无害化处理技术规范

为贯彻落实《中华人民共和国动物防疫法》《生猪屠宰管理条例》《畜禽规模养殖污染防治条例》等有关法律法规,防止动物疫病传播扩散,保障动物产品质量安全,规范病死及病害动物

和相关动物产品无害化处理操作技术，制定本规范。

1 适用范围

本规范适用于国家规定的染疫动物及其产品、病死或者死因不明的动物尸体，屠宰前确认的病害动物、屠宰过程中经检疫或肉品品质检验确认为不可食用的动物产品，以及其他应当进行无害化处理的动物及动物产品。

本规范规定了病死及病害动物和相关动物产品无害化处理的技术工艺和操作注意事项，处理过程中病死及病害动物和相关动物产品的包装、暂存、转运、人员防护和记录等要求。

2 引用规范和标准

GB 19217 医疗废物转运车技术要求（试行）

GB 18484 危险废物焚烧污染控制标准

GB 18597 危险废物贮存污染控制标准

GB 16297 大气污染物综合排放标准

GB 14554 恶臭污染物排放标准

GB 8978 污水综合排放标准

GB 5085.3 危险废物鉴别标准

GB/T16569 畜禽产品消毒规范

GB 19218 医疗废物焚烧炉技术要求（试行）

GB/T 19923 城市污水再生利用工业用水水质

当上述标准和文件被修订时，应使用其最新版本。

3 术语和定义

3.1 无害化处理

本规范所称无害化处理，是指用物理、化学等方法处理病死及病害动物和相关动物产品，消灭其所携带的病原体，消除危害的过程。

3.2 焚烧法

焚烧法是指在焚烧容器内，使病死及病害动物和相关动物产品在富氧或无氧条件下进行氧化反应或热解反应的方法。

3.3 化制法

化制法是指在密闭的高压容器内，通过向容器夹层或容器内通入高温饱和蒸汽，在干热、压力或蒸汽、压力的作用下，处理病死及病害动物和相关动物产品的方法。

3.4 高温法

高温法是指常压状态下，在封闭系统内利用高温处理病死及病害动物和相关动物产品的方法。

3.5 深埋法

深埋法是指按照相关规定，将病死及病害动物和相关动物产品投入深埋坑中并覆盖、消毒,处理病死及病害动物和相关动物产品的方法。

3.6　硫酸分解法

硫酸分解法是指在密闭的容器内,将病死及病害动物和相关动物产品用硫酸在一定条件下进行分解的方法。

4　病死及病害动物和相关动物产品的处理

4.1　焚烧法

4.1.1　适用对象

国家规定的染疫动物及其产品、病死或者死因不明的动物尸体,屠宰前确认的病害动物、屠宰过程中经检疫或肉品品质检验确认为不可食用的动物产品,以及其他应当进行无害化处理的动物及动物产品。

4.1.2　直接焚烧法

4.1.2.1　技术工艺

4.1.2.1.1　可视情况对病死及病害动物和相关动物产品进行破碎等预处理。

4.1.2.1.2　将病死及病害动物和相关动物产品或破碎产物,投至焚烧炉本体燃烧室,经充分氧化、热解,产生的高温烟气进入二次燃烧室继续燃烧,产生的炉渣经出渣机排出。

4.1.2.1.3　燃烧室温度应≥850 ℃。燃烧所产生的烟气从最后的助燃空气喷射口或燃烧器出口到换热面或烟道冷风引射口之间的停留时间应≥2 s。焚烧炉出口烟气中氧含量应为6%～10%(干气)。

4.1.2.1.4　二次燃烧室出口烟气经余热利用系统、烟气净化系统处理,达到 GB 16297 要求后排放。

4.1.2.1.5　焚烧炉渣与除尘设备收集的焚烧飞灰应分别收集、贮存和运输。焚烧炉渣按一般固体废物处理或作资源化利用;焚烧飞灰和其他尾气净化装置收集的固体废物需按 GB 5085.3 要求作危险废物鉴定,如属于危险废物,则按 GB 18484 和 GB 18597 要求处理。

4.1.2.2　操作注意事项

4.1.2.2.1　严格控制焚烧进料频率和重量,使病死及病害动物和相关动物产品能够充分与空气接触,保证完全燃烧。

4.1.2.2.2　燃烧室内应保持负压状态,避免焚烧过程中发生烟气泄漏。

4.1.2.2.3　二次燃烧室顶部设紧急排放烟囱,应急时开启。

4.1.2.2.4　烟气净化系统,包括急冷塔、引风机等设施。

4.1.3　炭化焚烧法

4.1.3.1　技术工艺

4.1.3.1.1　病死及病害动物和相关动物产品投至热解炭化室,在无氧情况下经充分热解,产生的热解烟气进入二次燃烧室继续燃烧,产生的固体炭化物残渣经热解炭化室排出。

4.1.3.1.2　热解温度应≥600 ℃,二次燃烧室温度≥850 ℃,焚烧后烟气在 850 ℃以上停留时间≥2 s。

4.1.3.1.3 烟气经过热解炭化室热能回收后，降至600 ℃左右，经烟气净化系统处理，达到GB 16297要求后排放。

4.1.3.2 操作注意事项

4.1.3.2.1 应检查热解炭化系统的炉门密封性，以保证热解炭化室的隔氧状态。

4.1.3.2.2 应定期检查和清理热解气输出管道，以免发生阻塞。

4.1.3.2.3 热解炭化室顶部需设置与大气相连的防爆口，热解炭化室内压力过大时可自动开启泄压。

4.1.3.2.4 应根据处理物种类、体积等严格控制热解的温度、升温速度及物料在热解炭化室里的停留时间。

4.2 化制法

4.2.1 适用对象

不得用于患有炭疽等芽孢杆菌类疫病，以及牛海绵状脑病、痒病的染疫动物及产品、组织的处理。其他适用对象同4.1.1。

4.2.2 干化法

4.2.2.1 技术工艺

4.2.2.1.1 可视情况对病死及病害动物和相关动物产品进行破碎等预处理。

4.2.2.1.2 病死及病害动物和相关动物产品或破碎产物输送入高温高压灭菌容器。

4.2.2.1.3 处理物中心温度≥140 ℃，压力≥0.5 MPa（绝对压力），时间≥4 h（具体处理时间随处理物种类和体积大小而设定）。

4.2.2.1.4 加热烘干产生的热蒸汽经废气处理系统后排出。

4.2.2.1.5 加热烘干产生的动物尸体残渣传输至压榨系统处理。

4.2.2.2 操作注意事项

4.2.2.2.1 搅拌系统的工作时间应以烘干剩余物基本不含水分为宜，根据处理物量的多少，适当延长或缩短搅拌时间。

4.2.2.2.2 应使用合理的污水处理系统，有效去除有机物、氨氮，达到GB 8978要求。

4.2.2.2.3 应使用合理的废气处理系统，有效吸收处理过程中动物尸体腐败产生的恶臭气体，达到GB 16297要求后排放。

4.2.2.2.4 高温高压灭菌容器操作人员应符合相关专业要求，持证上岗。

4.2.2.2.5 处理结束后，需对墙面、地面及其相关工具进行彻底清洗消毒。

4.2.3 湿化法

4.2.3.1 技术工艺

4.2.3.1.1 可视情况对病死及病害动物和相关动物产品进行破碎预处理。

4.2.3.1.2 将病死及病害动物和相关动物产品或破碎产物送入高温高压容器，总质量不得超过容器总承受力的4/5。

4.2.3.1.3 处理物中心温度≥135 ℃，压力≥0.3 MPa（绝对压力），处理时间≥30 min（具体处理时间随处理物种类和体积大小而设定）。

4.2.3.1.4　高温高压结束后，对处理产物进行初次固液分离。

4.2.3.1.5　固体物经破碎处理后，送入烘干系统；液体部分送入油水分离系统处理。

4.2.3.2　操作注意事项

4.2.3.2.1　高温高压容器操作人员应符合相关专业要求，持证上岗。

4.2.3.2.2　处理结束后，需对墙面、地面及其相关工具进行彻底清洗消毒。

4.2.3.2.3　冷凝排放水应冷却后排放，产生的废水应经污水处理系统处理，达到 GB 8978 要求。

4.2.3.2.4　处理车间废气应通过安装自动喷淋消毒系统、排风系统和高效微粒空气过滤器（HEPA 过滤器）等进行处理，达到 GB 16297 要求后排放。

4.3　高温法

4.3.1　适用对象

同 4.2.1。

4.3.2　技术工艺

4.3.2.1　可视情况对病死及病害动物和相关动物产品进行破碎等预处理。处理物或破碎产物体积（长×宽×高）≤125 cm^3（5 cm×5 cm×5 cm）。

4.3.2.2　向容器内输入油脂，容器夹层经导热油或其他介质加热。

4.3.2.3　将病死及病害动物和相关动物产品或破碎产物输送入容器内，与油脂混合。常压状态下，维持容器内部温度≥180 ℃，持续时间≥2.5 h（具体处理时间随处理物种类和体积大小而设定）。

4.3.2.4　加热产生的热蒸汽经废气处理系统后排出。

4.3.2.5　加热产生的动物尸体残渣传输至压榨系统处理。

4.3.3　操作注意事项

同 4.2.2.2。

4.4　深埋法

4.4.1　适用对象

发生动物疫情或自然灾害等突发事件时病死及病害动物的应急处理，以及边远和交通不便地区零星病死畜禽的处理。不得用于患有炭疽等芽孢杆菌类疫病，以及牛海绵状脑病、痒病的染疫动物及产品、组织的处理。

4.4.2　选址要求

4.4.2.1　应选择地势高燥，处于下风向的地点。

4.4.2.2　应远离学校、公共场所、居民住宅区、村庄、动物饲养和屠宰场所、饮用水源地、河流等地区。

4.4.3　技术工艺

4.4.3.1　深埋坑体容积以实际处理动物尸体及相关动物产品数量确定。

4.4.3.2　深埋坑底应高出地下水位 1.5 m 以上，要防渗、防漏。

4.4.3.3 坑底洒一层厚度为 2～5 cm 的生石灰或漂白粉等消毒药。

4.4.3.4 将动物尸体及相关动物产品投入坑内，最上层距离地表 1.5 m 以上。

4.4.3.5 生石灰或漂白粉等消毒药消毒。

4.4.3.6 覆盖距地表 20～30 cm，厚度不少于 1～1.2 m 的覆土。

4.4.4 操作注意事项

4.4.4.1 深埋覆土不要太实，以免腐败产气造成气泡冒出和液体渗漏。

4.4.4.2 深埋后，在深埋处设置警示标识。

4.4.4.3 深埋后，第一周内应每日巡查 1 次，第二周起应每周巡查 1 次，连续巡查 3 个月，深埋坑塌陷处应及时加盖覆土。

4.4.4.4 深埋后，立即用氯制剂、漂白粉或生石灰等消毒药对深埋场所进行 1 次彻底消毒。第一周内应每日消毒 1 次，第二周起应每周消毒 1 次，连续消毒三周以上。

4.5 化学处理法

4.5.1 硫酸分解法

4.5.1.1 适用对象

同 4.2.1。

4.5.1.2 技术工艺

4.5.1.2.1 可视情况对病死及病害动物和相关动物产品进行破碎等预处理。

4.5.1.2.2 将病死及病害动物和相关动物产品或破碎产物，投至耐酸的水解罐中，按每吨处理物加入水 150～300 kg，后加入 98%的浓硫酸 300～400 kg(具体加入水和浓硫酸量随处理物的含水量而设定)。

4.5.1.2.3 密闭水解罐，加热使水解罐内升至 100～108 ℃，维持压力≥0.15 MPa，反应时间≥4 h，至罐体内的病死及病害动物和相关动物产品完全分解为液态。

4.5.1.3 操作注意事项

4.5.1.3.1 处理中使用的强酸应按国家危险化学品安全管理、易制毒化学品管理有关规定执行，操作人员应做好个人防护。

4.5.1.3.2 水解过程中要先将水加入到耐酸的水解罐中，然后加入浓硫酸。

4.5.1.3.3 控制处理物总体积不得超过容器容量的 70% 。

4.5.1.3.4 酸解反应的容器及储存酸解液的容器均要求耐强酸。

4.5.2 化学消毒法

4.5.2.1 适用对象

适用于被病原微生物污染或可疑被污染的动物皮毛消毒。

4.5.2.2 盐酸食盐溶液消毒法

4.5.2.2.1 用 2.5% 盐酸溶液和 15% 食盐水溶液等量混合，将皮张浸泡在此溶液中，并使溶液温度保持在 30 ℃左右，浸泡 40 h，1 m^2 的皮张用 10 L 消毒液(或按 100 mL 25% 食盐水溶液中加入盐酸 1 mL 配制消毒液，在室温 15 ℃条件下浸泡 48 h，皮张与消毒液之比为 1∶4)。

4.5.2.2.2　浸泡后捞出沥干，放入2%（或1%）氢氧化钠溶液中，以中和皮张上的酸，再用水冲洗后晾干。

4.5.2.3　过氧乙酸消毒法

4.5.2.3.1　将皮毛放入新鲜配制的2%过氧乙酸溶液中浸泡30 min。

4.5.2.3.2　将皮毛捞出，用水冲洗后晾干。

4.5.2.4　碱盐液浸泡消毒法

4.5.2.4.1　将皮毛浸入5%碱盐液（饱和盐水内加5%氢氧化钠）中，室温（18～25 ℃）浸泡24 h，并随时加以搅拌。

4.5.2.4.2　取出皮毛挂起，待碱盐液流净，放入5%盐酸液内浸泡，使皮上的酸碱中和。

4.5.2.4.3　将皮毛捞出，用水冲洗后晾干。

5　收集转运要求

5.1　包装

5.1.1　包装材料应符合密闭、防水、防渗、防破损、耐腐蚀等要求。

5.1.2　包装材料的容积、尺寸和数量应与需处理病死及病害动物和相关动物产品的体积、数量相匹配。

5.1.3　包装后应进行密封。

5.1.4　使用后，一次性包装材料应作销毁处理，可循环使用的包装材料应进行清洗消毒。

5.2　暂存

5.2.1　采用冷冻或冷藏方式进行暂存，防止无害化处理前病死及病害动物和相关动物产品腐败。

5.2.2　暂存场所应能防水、防渗、防鼠、防盗，易于清洗和消毒。

5.2.3　暂存场所应设置明显警示标识。

5.2.4　应定期对暂存场所及周边环境进行清洗消毒。

5.3　转运

5.3.1　可选择符合GB 19217条件的车辆或专用封闭厢式运载车辆。车厢四壁及底部应使用耐腐蚀材料，并采取防渗措施。

5.3.2　专用转运车辆应加施明显标识，并加装车载定位系统，记录转运时间和路径等信息。

5.3.3　车辆驶离暂存、养殖等场所前，应对车轮及车厢外部进行消毒。

5.3.4　转运车辆应尽量避免进入人口密集区。

5.3.5　若转运途中发生渗漏，应重新包装、消毒后运输。

5.3.6　卸载后，应对转运车辆及相关工具等进行彻底清洗、消毒。

6　其他要求

6.1　人员防护

6.1.1　病死及病害动物和相关动物产品的收集、暂存、转运、无害化处理操作的工作人员应经过专门培训，掌握相应的动物防疫知识。

6.1.2 工作人员在操作过程中应穿戴防护服、口罩、护目镜、胶鞋及手套等防护用具。

6.1.3 工作人员应使用专用的收集工具、包装用品、转运工具、清洗工具、消毒器材等。

6.1.4 工作完毕后，应对一次性防护用品作销毁处理，对循环使用的防护用品消毒处理。

6.2 记录要求

6.2.1 病死及病害动物和相关动物产品的收集、暂存、转运、无害化处理等环节应建有台账和记录。有条件的地方应保存转运车辆行车信息和相关环节视频记录。

6.2.2 台账和记录

6.2.2.1 暂存环节

6.2.2.1.1 接收台账和记录应包括病死及病害动物和相关动物产品来源场(户)、种类、数量、动物标识号、死亡原因、消毒方法、收集时间、经办人员等。

6.2.2.1.2 运出台账和记录应包括运输人员、联系方式、转运时间、车牌号、病死及病害动物和相关动物产品种类、数量、动物标识号、消毒方法、转运目的地以及经办人员等。

6.2.2.2 处理环节

6.2.2.2.1 接收台账和记录应包括病死及病害动物和相关动物产品来源、种类、数量、动物标识号、转运人员、联系方式、车牌号、接收时间及经手人员等。

6.2.2.2.2 处理台账和记录应包括处理时间、处理方式、处理数量及操作人员等。

6.2.3 涉及病死及病害动物和相关动物产品无害化处理的台账和记录至少要保存两年。

附录四 病死畜禽和病害畜禽产品无害化处理管理办法

中华人民共和国农业农村部令 2022年第3号

《病死畜禽和病害畜禽产品无害化处理管理办法》已经农业农村部2022年4月22日第4次常务会议审议通过，现予公布，自2022年7月1日起施行。

2022年5月11日

病死畜禽和病害畜禽产品无害化处理管理办法

第一章 总则

第一条 为了加强病死畜禽和病害畜禽产品无害化处理管理，防控动物疫病，促进畜牧业高质量发展，保障公共卫生安全和人体健康，根据《中华人民共和国动物防疫法》(以下简称《动物防疫法》)，制定本办法。

第二条 本办法适用于畜禽饲养、屠宰、经营、隔离、运输等过程中病死畜禽和病害畜禽产品的收集、无害化处理及其监督管理活动。

发生重大动物疫情时，应当根据动物疫病防控要求开展病死畜禽和病害畜禽产品无害化处理。

第三条　下列畜禽和畜禽产品应当进行无害化处理：

（一）染疫或者疑似染疫死亡、因病死亡或者死因不明的；

（二）经检疫、检验可能危害人体或者动物健康的；

（三）因自然灾害、应激反应、物理挤压等因素死亡的；

（四）屠宰过程中经肉品品质检验确认为不可食用的；

（五）死胎、木乃伊胎等；

（六）因动物疫病防控需要被扑杀或销毁的；

（七）其他应当进行无害化处理的。

第四条　病死畜禽和病害畜禽产品无害化处理坚持统筹规划与属地负责相结合、政府监管与市场运作相结合、财政补助与保险联动相结合、集中处理与自行处理相结合的原则。

第五条　从事畜禽饲养、屠宰、经营、隔离等活动的单位和个人，应当承担主体责任，按照本办法对病死畜禽和病害畜禽产品进行无害化处理，或者委托病死畜禽无害化处理场处理。

运输过程中发生畜禽死亡或者因检疫不合格需要进行无害化处理的，承运人应当立即通知货主，配合做好无害化处理，不得擅自弃置和处理。

第六条　在江河、湖泊、水库等水域发现的死亡畜禽，依法由所在地县级人民政府组织收集、处理并溯源。

在城市公共场所和乡村发现的死亡畜禽，依法由所在地街道办事处、乡级人民政府组织收集、处理并溯源。

第七条　病死畜禽和病害畜禽产品收集、无害化处理、资源化利用应当符合农业农村部相关技术规范，并采取必要的防疫措施，防止传播动物疫病。

第八条　农业农村部主管全国病死畜禽和病害畜禽产品无害化处理工作。

县级以上地方人民政府农业农村主管部门负责本行政区域病死畜禽和病害畜禽产品无害化处理的监督管理工作。

第九条　省级人民政府农业农村主管部门结合本行政区域畜牧业发展规划和畜禽养殖、疫病发生、畜禽死亡等情况，编制病死畜禽和病害畜禽产品集中无害化处理场所建设规划，合理布局病死畜禽无害化处理场，经本级人民政府批准后实施，并报农业农村部备案。

鼓励跨县级以上行政区域建设病死畜禽无害化处理场。

第十条　县级以上人民政府农业农村主管部门应当落实病死畜禽无害化处理财政补助政策和农机购置与应用补贴政策，协调有关部门优先保障病死畜禽无害化处理场用地、落实税收优惠政策，推动建立病死畜禽无害化处理和保险联动机制，将病死畜禽无害化处理作为保险理赔的前提条件。

第二章　收集

第十一条　畜禽养殖场、养殖户、屠宰厂（场）、隔离场应当及时对病死畜禽和病害畜禽产品进行贮存和清运。

畜禽养殖场、屠宰厂(场)、隔离场委托病死畜禽无害化处理场处理的,应当符合以下要求:

(一)采取必要的冷藏冷冻、清洗消毒等措施;

(二)具有病死畜禽和病害畜禽产品输出通道;

(三)及时通知病死畜禽无害化处理场进行收集,或自行送至指定地点。

第十二条　病死畜禽和病害畜禽产品集中暂存点应当具备下列条件:

(一)有独立封闭的贮存区域,并且防渗、防漏、防鼠、防盗,易于清洗消毒;

(二)有冷藏冷冻、清洗消毒等设施设备;

(三)设置显著警示标识;

(四)有符合动物防疫需要的其他设施设备。

第十三条　专业从事病死畜禽和病害畜禽产品收集的单位和个人,应当配备专用运输车辆,并向承运人所在地县级人民政府农业农村主管部门备案。备案时应当通过农业农村部指定的信息系统提交车辆所有权人的营业执照、运输车辆行驶证、运输车辆照片。

县级人民政府农业农村主管部门应当核实相关材料信息,备案材料符合要求的,及时予以备案;不符合要求的,应当一次性告知备案人补充相关材料。

第十四条　病死畜禽和病害畜禽产品专用运输车辆应当符合以下要求:

(一)不得运输病死畜禽和病害畜禽产品以外的其他物品;

(二)车厢密闭、防水、防渗、耐腐蚀,易于清洗和消毒;

(三)配备能够接入国家监管监控平台的车辆定位跟踪系统、车载终端;

(四)配备人员防护、清洗消毒等应急防疫用品;

(五)有符合动物防疫需要的其他设施设备。

第十五条　运输病死畜禽和病害畜禽产品的单位和个人,应当遵守下列规定:

(一)及时对车辆、相关工具及作业环境进行消毒;

(二)作业过程中如发生渗漏,应当妥善处理后再继续运输;

(三)做好人员防护和消毒。

第十六条　跨县级以上行政区域运输病死畜禽和病害畜禽产品的,相关区域县级以上地方人民政府农业农村主管部门应当加强协作配合,及时通报紧急情况,落实监管责任。

第三章　无害化处理

第十七条　病死畜禽和病害畜禽产品无害化处理以集中处理为主,自行处理为补充。

病死畜禽无害化处理场的设计处理能力应当高于日常病死畜禽和病害畜禽产品处理量,专用运输车辆数量和运载能力应当与区域内畜禽养殖情况相适应。

第十八条　病死畜禽无害化处理场应当符合省级人民政府病死畜禽和病害畜禽产品集中无害化处理场所建设规划并依法取得动物防疫条件合格证。

第十九条　畜禽养殖场、屠宰厂(场)、隔离场在本场(厂)内自行处理病死畜禽和病害畜禽产品的,应当符合无害化处理场所的动物防疫条件,不得处理本场(厂)外的病死畜禽和病害畜禽产品。

畜禽养殖场、屠宰厂(场)、隔离场在本场(厂)外自行处理的,应当建设病死畜禽无害化处理场。

第二十条　畜禽养殖场、养殖户、屠宰厂(场)、隔离场委托病死畜禽无害化处理场进行无害化处理的,应当签订委托合同,明确双方的权利、义务。

无害化处理费用由财政进行补助或者由委托方承担。

第二十一条　对于边远和交通不便地区以及畜禽养殖户自行处理零星病死畜禽的,省级人民政府农业农村主管部门可以结合实际情况和风险评估结果,组织制定相关技术规范。

第二十二条　病死畜禽和病害畜禽产品集中暂存点、病死畜禽无害化处理场应当配备专门人员负责管理。

从事病死畜禽和病害畜禽产品无害化处理的人员,应当具备相关专业技能,掌握必要的安全防护知识。

第二十三条　鼓励在符合国家有关法律法规规定的情况下,对病死畜禽和病害畜禽产品无害化处理产物进行资源化利用。

病死畜禽和病害畜禽产品无害化处理场所销售无害化处理产物的,应当严控无害化处理产物流向,查验购买方资质并留存相关材料,签订销售合同。

第二十四条　病死畜禽和病害畜禽产品无害化处理应当符合安全生产、环境保护等相关法律法规和标准规范要求,接受有关主管部门监管。

病死畜禽无害化处理场处理本办法第三条之外的病死动物和病害动物产品的,应当要求委托方提供无特殊风险物质的证明。

第四章　监督管理

第二十五条　农业农村部建立病死畜禽无害化处理监管监控平台,加强全程追溯管理。

从事畜禽饲养、屠宰、经营、隔离及病死畜禽收集、无害化处理的单位和个人,应当按要求填报信息。

县级以上地方人民政府农业农村主管部门应当做好信息审核,加强数据运用和安全管理。

第二十六条　农业农村部负责组织制定全国病死畜禽和病害畜禽产品无害化处理生物安全风险调查评估方案,对病死畜禽和病害畜禽产品收集、无害化处理生物安全风险因素进行调查评估。

省级人民政府农业农村主管部门应当制定本行政区域病死畜禽和病害畜禽产品无害化处理生物安全风险调查评估方案并组织实施。

第二十七条　根据病死畜禽无害化处理场规模、设施装备状况、管理水平等因素,推行分级管理制度。

第二十八条　病死畜禽和病害畜禽产品无害化处理场所应当建立并严格执行以下制度:

(一)设施设备运行管理制度;

(二)清洗消毒制度;

（三）人员防护制度；

（四）生物安全制度；

（五）安全生产和应急处理制度。

第二十九条　从事畜禽饲养、屠宰、经营、隔离以及病死畜禽和病害畜禽产品收集、无害化处理的单位和个人，应当建立台账，详细记录病死畜禽和病害畜禽产品的种类、数量（重量）、来源、运输车辆、交接人员和交接时间、处理产物销售情况等信息。

病死畜禽和病害畜禽产品无害化处理场所应当安装视频监控设备，对病死畜禽和病害畜禽产品进（出）场、交接、处理和处理产物存放等进行全程监控。

相关台账记录保存期不少于二年，相关监控影像资料保存期不少于三十天。

第三十条　病死畜禽和病害畜禽产品无害化处理场所应当于每年一月底前向所在地县级人民政府农业农村主管部门报告上一年度病死畜禽和病害畜禽产品无害化处理、运输车辆和环境清洗消毒等情况。

第三十一条　县级以上地方人民政府农业农村主管部门执行监督检查任务时，从事病死畜禽和病害畜禽产品收集、无害化处理的单位和个人应当予以配合，不得拒绝或者阻碍。

第三十二条　任何单位和个人对违反本办法规定的行为，有权向县级以上地方人民政府农业农村主管部门举报。接到举报的部门应当及时调查处理。

第五章　法律责任

第三十三条　未按照本办法第十一条、第十二条、第十五条、第十九条、第二十二条规定处理病死畜禽和病害畜禽产品的，按照《动物防疫法》第九十八条规定予以处罚。

第三十四条　畜禽养殖场、屠宰厂（场）、隔离场、病死畜禽无害化处理场未取得动物防疫条件合格证或生产经营条件发生变化，不再符合动物防疫条件继续从事无害化处理活动的，分别按照《动物防疫法》第九十八条、第九十九条处罚。

第三十五条　专业从事病死畜禽和病害畜禽产品运输的车辆，未经备案或者不符合本办法第十四条规定的，分别按照《动物防疫法》第九十八条、第九十四条处罚。

第三十六条　违反本办法第二十八条、第二十九条规定，未建立管理制度、台账或者未进行视频监控的，由县级以上地方人民政府农业农村主管部门责令改正；拒不改正或者情节严重的，处二千元以上二万元以下罚款。

第六章　附　　则

第三十七条　本办法下列用语的含义：

（一）畜禽，是指《国家畜禽遗传资源目录》范围内的畜禽，不包括用于科学研究、教学、检定以及其他科学实验的畜禽。

（二）隔离场所，是指对跨省、自治区、直辖市引进的乳用种用动物或输入到无规定动物疫病区的相关畜禽进行隔离观察的场所，不包括进出境隔离观察场所。

（三）病死畜禽和病害畜禽产品无害化处理场所，是指病死畜禽无害化处理场以及畜禽养殖场、屠宰厂(场)、隔离场内的无害化处理区域。

第三十八条　病死水产养殖动物和病害水产养殖动物产品的无害化处理,参照本办法执行。

第三十九条　本办法自2022年7月1日起施行。

附录五　中华人民共和国生物安全法

中华人民共和国生物安全法

(2020年10月17日第十三届全国人民代表大会常务委员会第二十二次会议通过)

目　录

第一章　总　则

第一条　为了维护国家安全,防范和应对生物安全风险,保障人民生命健康,保护生物资源和生态环境,促进生物技术健康发展,推动构建人类命运共同体,实现人与自然和谐共生,制定本法。

第二条　本法所称生物安全,是指国家有效防范和应对危险生物因子及相关因素威胁,生物技术能够稳定健康发展,人民生命健康和生态系统相对处于没有危险和不受威胁的状态,生物领域具备维护国家安全和持续发展的能力。

从事下列活动,适用本法:

(一)防控重大新发突发传染病、动植物疫情;

(二)生物技术研究、开发与应用;

(三)病原微生物实验室生物安全管理;

(四)人类遗传资源与生物资源安全管理;

(五)防范外来物种入侵与保护生物多样性;

（六）应对微生物耐药；

（七）防范生物恐怖袭击与防御生物武器威胁；

（八）其他与生物安全相关的活动。

第三条　生物安全是国家安全的重要组成部分。维护生物安全应当贯彻总体国家安全观，统筹发展和安全，坚持以人为本、风险预防、分类管理、协同配合的原则。

第四条　坚持中国共产党对国家生物安全工作的领导，建立健全国家生物安全领导体制，加强国家生物安全风险防控和治理体系建设，提高国家生物安全治理能力。

第五条　国家鼓励生物科技创新，加强生物安全基础设施和生物科技人才队伍建设，支持生物产业发展，以创新驱动提升生物科技水平，增强生物安全保障能力。

第六条　国家加强生物安全领域的国际合作，履行中华人民共和国缔结或者参加的国际条约规定的义务，支持参与生物科技交流合作与生物安全事件国际救援，积极参与生物安全国际规则的研究与制定，推动完善全球生物安全治理。

第七条　各级人民政府及其有关部门应当加强生物安全法律法规和生物安全知识宣传普及工作，引导基层群众性自治组织、社会组织开展生物安全法律法规和生物安全知识宣传，促进全社会生物安全意识的提升。

相关科研院校、医疗机构以及其他企业事业单位应当将生物安全法律法规和生物安全知识纳入教育培训内容，加强学生、从业人员生物安全意识和伦理意识的培养。

新闻媒体应当开展生物安全法律法规和生物安全知识公益宣传，对生物安全违法行为进行舆论监督，增强公众维护生物安全的社会责任意识。

第八条　任何单位和个人不得危害生物安全。

任何单位和个人有权举报危害生物安全的行为；接到举报的部门应当及时依法处理。

第九条　对在生物安全工作中做出突出贡献的单位和个人，县级以上人民政府及其有关部门按照国家规定予以表彰和奖励。

第二章　生物安全风险防控体制

第十条　中央国家安全领导机构负责国家生物安全工作的决策和议事协调，研究制定、指导实施国家生物安全战略和有关重大方针政策，统筹协调国家生物安全的重大事项和重要工作，建立国家生物安全工作协调机制。

省、自治区、直辖市建立生物安全工作协调机制，组织协调、督促推进本行政区域内生物安全相关工作。

第十一条　国家生物安全工作协调机制由国务院卫生健康、农业农村、科学技术、外交等主管部门和有关军事机关组成，分析研判国家生物安全形势，组织协调、督促推进国家生物安全相关工作。国家生物安全工作协调机制设立办公室，负责协调机制的日常工作。

国家生物安全工作协调机制成员单位和国务院其他有关部门根据职责分工，负责生物安全相关工作。

第十二条　国家生物安全工作协调机制设立专家委员会，为国家生物安全战略研究、政策制定及实施提供决策咨询。

国务院有关部门组织建立相关领域、行业的生物安全技术咨询专家委员会，为生物安全工作提供咨询、评估、论证等技术支撑。

第十三条 地方各级人民政府对本行政区域内生物安全工作负责。

县级以上地方人民政府有关部门根据职责分工，负责生物安全相关工作。

基层群众性自治组织应当协助地方人民政府以及有关部门做好生物安全风险防控、应急处置和宣传教育等工作。

有关单位和个人应当配合做好生物安全风险防控和应急处置等工作。

第十四条 国家建立生物安全风险监测预警制度。国家生物安全工作协调机制组织建立国家生物安全风险监测预警体系，提高生物安全风险识别和分析能力。

第十五条 国家建立生物安全风险调查评估制度。国家生物安全工作协调机制应当根据风险监测的数据、资料等信息，定期组织开展生物安全风险调查评估。

有下列情形之一的，有关部门应当及时开展生物安全风险调查评估，依法采取必要的风险防控措施：

(一)通过风险监测或者接到举报发现可能存在生物安全风险；

(二)为确定监督管理的重点领域、重点项目，制定、调整生物安全相关名录或者清单；

(三)发生重大新发突发传染病、动植物疫情等危害生物安全的事件；

(四)需要调查评估的其他情形。

第十六条 国家建立生物安全信息共享制度。国家生物安全工作协调机制组织建立统一的国家生物安全信息平台，有关部门应当将生物安全数据、资料等信息汇交国家生物安全信息平台，实现信息共享。

第十七条 国家建立生物安全信息发布制度。国家生物安全总体情况、重大生物安全风险警示信息、重大生物安全事件及其调查处理信息等重大生物安全信息，由国家生物安全工作协调机制成员单位根据职责分工发布；其他生物安全信息由国务院有关部门和县级以上地方人民政府及其有关部门根据职责权限发布。

任何单位和个人不得编造、散布虚假的生物安全信息。

第十八条 国家建立生物安全名录和清单制度。国务院及其有关部门根据生物安全工作需要，对涉及生物安全的材料、设备、技术、活动、重要生物资源数据、传染病、动植物疫病、外来入侵物种等制定、公布名录或者清单，并动态调整。

第十九条 国家建立生物安全标准制度。国务院标准化主管部门和国务院其他有关部门根据职责分工，制定和完善生物安全领域相关标准。

国家生物安全工作协调机制组织有关部门加强不同领域生物安全标准的协调和衔接，建立和完善生物安全标准体系。

第二十条 国家建立生物安全审查制度。对影响或者可能影响国家安全的生物领域重大事项和活动，由国务院有关部门进行生物安全审查，有效防范和化解生物安全风险。

第二十一条 国家建立统一领导、协同联动、有序高效的生物安全应急制度。

国务院有关部门应当组织制定相关领域、行业生物安全事件应急预案，根据应急预案和统一部署开展应急演练、应急处置、应急救援和事后恢复等工作。

县级以上地方人民政府及其有关部门应当制定并组织、指导和督促相关企业事业单位制定生物安全事件应急预案，加强应急准备、人员培训和应急演练，开展生物安全事件应急处置、应急救援和事后恢复等工作。

中国人民解放军、中国人民武装警察部队按照中央军事委员会的命令，依法参加生物安全事件应急处置和应急救援工作。

第二十二条　国家建立生物安全事件调查溯源制度。发生重大新发突发传染病、动植物疫情和不明原因的生物安全事件，国家生物安全工作协调机制应当组织开展调查溯源，确定事件性质，全面评估事件影响，提出意见建议。

第二十三条　国家建立首次进境或者暂停后恢复进境的动植物、动植物产品、高风险生物因子国家准入制度。

进出境的人员、运输工具、集装箱、货物、物品、包装物和国际航行船舶压舱水排放等应当符合我国生物安全管理要求。

海关对发现的进出境和过境生物安全风险，应当依法处置。经评估为生物安全高风险的人员、运输工具、货物、物品等，应当从指定的国境口岸进境，并采取严格的风险防控措施。

第二十四条　国家建立境外重大生物安全事件应对制度。境外发生重大生物安全事件的，海关依法采取生物安全紧急防控措施，加强证件核验，提高查验比例，暂停相关人员、运输工具、货物、物品等进境。必要时经国务院同意，可以采取暂时关闭有关口岸、封锁有关国境等措施。

第二十五条　县级以上人民政府有关部门应当依法开展生物安全监督检查工作，被检查单位和个人应当配合，如实说明情况，提供资料，不得拒绝、阻挠。

涉及专业技术要求较高、执法业务难度较大的监督检查工作，应当有生物安全专业技术人员参加。

第二十六条　县级以上人民政府有关部门实施生物安全监督检查，可以依法采取下列措施：

（一）进入被检查单位、地点或者涉嫌实施生物安全违法行为的场所进行现场监测、勘查、检查或者核查；

（二）向有关单位和个人了解情况；

（三）查阅、复制有关文件、资料、档案、记录、凭证等；

（四）查封涉嫌实施生物安全违法行为的场所、设施；

（五）扣押涉嫌实施生物安全违法行为的工具、设备以及相关物品；

（六）法律法规规定的其他措施。

有关单位和个人的生物安全违法信息应当依法纳入全国信用信息共享平台。

第三章　防控重大新发突发传染病、动植物疫情

第二十七条　国务院卫生健康、农业农村、林业草原、海关、生态环境主管部门应当建立新发突发传染病、动植物疫情、进出境检疫、生物技术环境安全监测网络，组织监测站点布局、建设，完善监测信息报告系统，开展主动监测和病原检测，并纳入国家生物安全风险监测预警体系。

第二十八条　疾病预防控制机构、动物疫病预防控制机构、植物病虫害预防控制机构（以

下统称专业机构)应当对传染病、动植物疫病和列入监测范围的不明原因疾病开展主动监测，收集、分析、报告监测信息，预测新发突发传染病、动植物疫病的发生、流行趋势。

国务院有关部门、县级以上地方人民政府及其有关部门应当根据预测和职责权限及时发布预警，并采取相应的防控措施。

第二十九条　任何单位和个人发现传染病、动植物疫病的，应当及时向医疗机构、有关专业机构或者部门报告。

医疗机构、专业机构及其工作人员发现传染病、动植物疫病或者不明原因的聚集性疾病的，应当及时报告，并采取保护性措施。

依法应当报告的，任何单位和个人不得瞒报、谎报、缓报、漏报，不得授意他人瞒报、谎报、缓报，不得阻碍他人报告。

第三十条　国家建立重大新发突发传染病、动植物疫情联防联控机制。

发生重大新发突发传染病、动植物疫情，应当依照有关法律法规和应急预案的规定及时采取控制措施；国务院卫生健康、农业农村、林业草原主管部门应当立即组织疫情会商研判，将会商研判结论向中央国家安全领导机构和国务院报告，并通报国家生物安全工作协调机制其他成员单位和国务院其他有关部门。

发生重大新发突发传染病、动植物疫情，地方各级人民政府统一履行本行政区域内疫情防控职责，加强组织领导，开展群防群控、医疗救治，动员和鼓励社会力量依法有序参与疫情防控工作。

第三十一条　国家加强国境、口岸传染病和动植物疫情联合防控能力建设，建立传染病、动植物疫情防控国际合作网络，尽早发现、控制重大新发突发传染病、动植物疫情。

第三十二条　国家保护野生动物，加强动物防疫，防止动物源性传染病传播。

第三十三条　国家加强对抗生素药物等抗微生物药物使用和残留的管理，支持应对微生物耐药的基础研究和科技攻关。

县级以上人民政府卫生健康主管部门应当加强对医疗机构合理用药的指导和监督，采取措施防止抗微生物药物的不合理使用。县级以上人民政府农业农村、林业草原主管部门应当加强对农业生产中合理用药的指导和监督，采取措施防止抗微生物药物的不合理使用，降低在农业生产环境中的残留。

国务院卫生健康、农业农村、林业草原、生态环境等主管部门和药品监督管理部门应当根据职责分工，评估抗微生物药物残留对人体健康、环境的危害，建立抗微生物药物污染物指标评价体系。

第四章　生物技术研究、开发与应用安全

第三十四条　国家加强对生物技术研究、开发与应用活动的安全管理，禁止从事危及公众健康、损害生物资源、破坏生态系统和生物多样性等危害生物安全的生物技术研究、开发与应用活动。

从事生物技术研究、开发与应用活动，应当符合伦理原则。

第三十五条　从事生物技术研究、开发与应用活动的单位应当对本单位生物技术研究、开发与应用的安全负责，采取生物安全风险防控措施，制定生物安全培训、跟踪检查、定期报告等

工作制度，强化过程管理。

第三十六条　国家对生物技术研究、开发活动实行分类管理。根据对公众健康、工业农业、生态环境等造成危害的风险程度，将生物技术研究、开发活动分为高风险、中风险、低风险三类。

生物技术研究、开发活动风险分类标准及名录由国务院科学技术、卫生健康、农业农村等主管部门根据职责分工，会同国务院其他有关部门制定、调整并公布。

第三十七条　从事生物技术研究、开发活动，应当遵守国家生物技术研究开发安全管理规范。

从事生物技术研究、开发活动，应当进行风险类别判断，密切关注风险变化，及时采取应对措施。

第三十八条　从事高风险、中风险生物技术研究、开发活动，应当由在我国境内依法成立的法人组织进行，并依法取得批准或者进行备案。

从事高风险、中风险生物技术研究、开发活动，应当进行风险评估，制定风险防控计划和生物安全事件应急预案，降低研究、开发活动实施的风险。

第三十九条　国家对涉及生物安全的重要设备和特殊生物因子实行追溯管理。购买或者引进列入管控清单的重要设备和特殊生物因子，应当进行登记，确保可追溯，并报国务院有关部门备案。

个人不得购买或者持有列入管控清单的重要设备和特殊生物因子。

第四十条　从事生物医学新技术临床研究，应当通过伦理审查，并在具备相应条件的医疗机构内进行；进行人体临床研究操作的，应当由符合相应条件的卫生专业技术人员执行。

第四十一条　国务院有关部门依法对生物技术应用活动进行跟踪评估，发现存在生物安全风险的，应当及时采取有效补救和管控措施。

第五章　病原微生物实验室生物安全

第四十二条　国家加强对病原微生物实验室生物安全的管理，制定统一的实验室生物安全标准。病原微生物实验室应当符合生物安全国家标准和要求。

从事病原微生物实验活动，应当严格遵守有关国家标准和实验室技术规范、操作规程，采取安全防范措施。

第四十三条　国家根据病原微生物的传染性、感染后对人和动物的个体或者群体的危害程度，对病原微生物实行分类管理。

从事高致病性或者疑似高致病性病原微生物样本采集、保藏、运输活动，应当具备相应条件，符合生物安全管理规范。具体办法由国务院卫生健康、农业农村主管部门制定。

第四十四条　设立病原微生物实验室，应当依法取得批准或者进行备案。

个人不得设立病原微生物实验室或者从事病原微生物实验活动。

第四十五条　国家根据对病原微生物的生物安全防护水平，对病原微生物实验室实行分等级管理。

从事病原微生物实验活动应当在相应等级的实验室进行。低等级病原微生物实验室不得从事国家病原微生物目录规定应当在高等级病原微生物实验室进行的病原微生物实验活动。

第四十六条　高等级病原微生物实验室从事高致病性或者疑似高致病性病原微生物实验活动，应当经省级以上人民政府卫生健康或者农业农村主管部门批准，并将实验活动情况向批准部门报告。

对我国尚未发现或者已经宣布消灭的病原微生物，未经批准不得从事相关实验活动。

第四十七条　病原微生物实验室应当采取措施，加强对实验动物的管理，防止实验动物逃逸，对使用后的实验动物按照国家规定进行无害化处理，实现实验动物可追溯。禁止将使用后的实验动物流入市场。

病原微生物实验室应当加强对实验活动废弃物的管理，依法对废水、废气以及其他废弃物进行处置，采取措施防止污染。

第四十八条　病原微生物实验室的设立单位负责实验室的生物安全管理，制定科学、严格的管理制度，定期对有关生物安全规定的落实情况进行检查，对实验室设施、设备、材料等进行检查、维护和更新，确保其符合国家标准。

病原微生物实验室设立单位的法定代表人和实验室负责人对实验室的生物安全负责。

第四十九条　病原微生物实验室的设立单位应当建立和完善安全保卫制度，采取安全保卫措施，保障实验室及其病原微生物的安全。

国家加强对高等级病原微生物实验室的安全保卫。高等级病原微生物实验室应当接受公安机关等部门有关实验室安全保卫工作的监督指导，严防高致病性病原微生物泄漏、丢失和被盗、被抢。

国家建立高等级病原微生物实验室人员进入审核制度。进入高等级病原微生物实验室的人员应当经实验室负责人批准。对可能影响实验室生物安全的，不予批准；对批准进入的，应当采取安全保障措施。

第五十条　病原微生物实验室的设立单位应当制定生物安全事件应急预案，定期组织开展人员培训和应急演练。发生高致病性病原微生物泄漏、丢失和被盗、被抢或者其他生物安全风险的，应当按照应急预案的规定及时采取控制措施，并按照国家规定报告。

第五十一条　病原微生物实验室所在地省级人民政府及其卫生健康主管部门应当加强实验室所在地感染性疾病医疗资源配置，提高感染性疾病医疗救治能力。

第五十二条　企业对涉及病原微生物操作的生产车间的生物安全管理，依照有关病原微生物实验室的规定和其他生物安全管理规范进行。

涉及生物毒素、植物有害生物及其他生物因子操作的生物安全实验室的建设和管理，参照有关病原微生物实验室的规定执行。

第六章　人类遗传资源与生物资源安全

第五十三条　国家加强对我国人类遗传资源和生物资源采集、保藏、利用、对外提供等活动的管理和监督，保障人类遗传资源和生物资源安全。

国家对我国人类遗传资源和生物资源享有主权。

第五十四条　国家开展人类遗传资源和生物资源调查。

国务院科学技术主管部门组织开展我国人类遗传资源调查，制定重要遗传家系和特定地区人类遗传资源申报登记办法。

国务院科学技术、自然资源、生态环境、卫生健康、农业农村、林业草原、中医药主管部门根据职责分工，组织开展生物资源调查，制定重要生物资源申报登记办法。

第五十五条　采集、保藏、利用、对外提供我国人类遗传资源，应当符合伦理原则，不得危害公众健康、国家安全和社会公共利益。

第五十六条　从事下列活动，应当经国务院科学技术主管部门批准：

（一）采集我国重要遗传家系、特定地区人类遗传资源或者采集国务院科学技术主管部门规定的种类、数量的人类遗传资源；

（二）保藏我国人类遗传资源；

（三）利用我国人类遗传资源开展国际科学研究合作；

（四）将我国人类遗传资源材料运送、邮寄、携带出境。

前款规定不包括以临床诊疗、采供血服务、查处违法犯罪、兴奋剂检测和殡葬等为目的采集、保藏人类遗传资源及开展的相关活动。

为了取得相关药品和医疗器械在我国上市许可，在临床试验机构利用我国人类遗传资源开展国际合作临床试验、不涉及人类遗传资源出境的，不需要批准；但是，在开展临床试验前应当将拟使用的人类遗传资源种类、数量及用途向国务院科学技术主管部门备案。

境外组织、个人及其设立或者实际控制的机构不得在我国境内采集、保藏我国人类遗传资源，不得向境外提供我国人类遗传资源。

第五十七条　将我国人类遗传资源信息向境外组织、个人及其设立或者实际控制的机构提供或者开放使用的，应当向国务院科学技术主管部门事先报告并提交信息备份。

第五十八条　采集、保藏、利用、运输出境我国珍贵、濒危、特有物种及其可用于再生或者繁殖传代的个体、器官、组织、细胞、基因等遗传资源，应当遵守有关法律法规。

境外组织、个人及其设立或者实际控制的机构获取和利用我国生物资源，应当依法取得批准。

第五十九条　利用我国生物资源开展国际科学研究合作，应当依法取得批准。

利用我国人类遗传资源和生物资源开展国际科学研究合作，应当保证中方单位及其研究人员全过程、实质性地参与研究，依法分享相关权益。

第六十条　国家加强对外来物种入侵的防范和应对，保护生物多样性。国务院农业农村主管部门会同国务院其他有关部门制定外来入侵物种名录和管理办法。

国务院有关部门根据职责分工，加强对外来入侵物种的调查、监测、预警、控制、评估、清除以及生态修复等工作。

任何单位和个人未经批准，不得擅自引进、释放或者丢弃外来物种。

第七章　防范生物恐怖与生物武器威胁

第六十一条　国家采取一切必要措施防范生物恐怖与生物武器威胁。

禁止开发、制造或者以其他方式获取、储存、持有和使用生物武器。

禁止以任何方式唆使、资助、协助他人开发、制造或者以其他方式获取生物武器。

第六十二条　国务院有关部门制定、修改、公布可被用于生物恐怖活动、制造生物武器的生物体、生物毒素、设备或者技术清单，加强监管，防止其被用于制造生物武器或者恐怖目的。

第六十三条　国务院有关部门和有关军事机关根据职责分工，加强对可被用于生物恐怖活动、制造生物武器的生物体、生物毒素、设备或者技术进出境、进出口、获取、制造、转移和投放等活动的监测、调查，采取必要的防范和处置措施。

第六十四条　国务院有关部门、省级人民政府及其有关部门负责组织遭受生物恐怖袭击、生物武器攻击后的人员救治与安置、环境消毒、生态修复、安全监测和社会秩序恢复等工作。

国务院有关部门、省级人民政府及其有关部门应当有效引导社会舆论科学、准确报道生物恐怖袭击和生物武器攻击事件，及时发布疏散、转移和紧急避难等信息，对应急处置与恢复过程中遭受污染的区域和人员进行长期环境监测和健康监测。

第六十五条　国家组织开展对我国境内战争遗留生物武器及其危害结果、潜在影响的调查。

国家组织建设存放和处理战争遗留生物武器设施，保障对战争遗留生物武器的安全处置。

第八章　生物安全能力建设

第六十六条　国家制定生物安全事业发展规划，加强生物安全能力建设，提高应对生物安全事件的能力和水平。

县级以上人民政府应当支持生物安全事业发展，按照事权划分，将支持下列生物安全事业发展的相关支出列入政府预算：

（一）监测网络的构建和运行；

（二）应急处置和防控物资的储备；

（三）关键基础设施的建设和运行；

（四）关键技术和产品的研究、开发；

（五）人类遗传资源和生物资源的调查、保藏；

（六）法律法规规定的其他重要生物安全事业。

第六十七条　国家采取措施支持生物安全科技研究，加强生物安全风险防御与管控技术研究，整合优势力量和资源，建立多学科、多部门协同创新的联合攻关机制，推动生物安全核心关键技术和重大防御产品的成果产出与转化应用，提高生物安全的科技保障能力。

第六十八条　国家统筹布局全国生物安全基础设施建设。国务院有关部门根据职责分工，加快建设生物信息、人类遗传资源保藏、菌（毒）种保藏、动植物遗传资源保藏、高等级病原微生物实验室等方面的生物安全国家战略资源平台，建立共享利用机制，为生物安全科技创新提供战略保障和支撑。

第六十九条　国务院有关部门根据职责分工，加强生物基础科学研究人才和生物领域专业技术人才培养，推动生物基础科学学科建设和科学研究。

国家生物安全基础设施重要岗位的从业人员应当具备符合要求的资格，相关信息应当向国务院有关部门备案，并接受岗位培训。

第七十条　国家加强重大新发突发传染病、动植物疫情等生物安全风险防控的物资储备。

国家加强生物安全应急药品、装备等物资的研究、开发和技术储备。国务院有关部门根据职责分工，落实生物安全应急药品、装备等物资研究、开发和技术储备的相关措施。

国务院有关部门和县级以上地方人民政府及其有关部门应当保障生物安全事件应急处置

所需的医疗救护设备、救治药品、医疗器械等物资的生产、供应和调配；交通运输主管部门应当及时组织协调运输经营单位优先运送。

第七十一条　国家对从事高致病性病原微生物实验活动、生物安全事件现场处置等高风险生物安全工作的人员，提供有效的防护措施和医疗保障。

第九章　法律责任

第七十二条　违反本法规定，履行生物安全管理职责的工作人员在生物安全工作中滥用职权、玩忽职守、徇私舞弊或者有其他违法行为的，依法给予处分。

第七十三条　违反本法规定，医疗机构、专业机构或者其工作人员瞒报、谎报、缓报、漏报，授意他人瞒报、谎报、缓报，或者阻碍他人报告传染病、动植物疫病或者不明原因的聚集性疾病的，由县级以上人民政府有关部门责令改正，给予警告；对法定代表人、主要负责人、直接负责的主管人员和其他直接责任人员，依法给予处分，并可以依法暂停一定期限的执业活动直至吊销相关执业证书。

违反本法规定，编造、散布虚假的生物安全信息，构成违反治安管理行为的，由公安机关依法给予治安管理处罚。

第七十四条　违反本法规定，从事国家禁止的生物技术研究、开发与应用活动的，由县级以上人民政府卫生健康、科学技术、农业农村主管部门根据职责分工，责令停止违法行为，没收违法所得、技术资料和用于违法行为的工具、设备、原材料等物品，处一百万元以上一千万元以下的罚款，违法所得在一百万元以上的，处违法所得十倍以上二十倍以下的罚款，并可以依法禁止一定期限内从事相应的生物技术研究、开发与应用活动，吊销相关许可证件；对法定代表人、主要负责人、直接负责的主管人员和其他直接责任人员，依法给予处分，处十万元以上二十万元以下的罚款，十年直至终身禁止从事相应的生物技术研究、开发与应用活动，依法吊销相关执业证书。

第七十五条　违反本法规定，从事生物技术研究、开发活动未遵守国家生物技术研究开发安全管理规范的，由县级以上人民政府有关部门根据职责分工，责令改正，给予警告，可以并处二万元以上二十万元以下的罚款；拒不改正或者造成严重后果的，责令停止研究、开发活动，并处二十万元以上二百万元以下的罚款。

第七十六条　违反本法规定，从事病原微生物实验活动未在相应等级的实验室进行，或者高等级病原微生物实验室未经批准从事高致病性、疑似高致病性病原微生物实验活动的，由县级以上地方人民政府卫生健康、农业农村主管部门根据职责分工，责令停止违法行为，监督其将用于实验活动的病原微生物销毁或者送交保藏机构，给予警告；造成传染病传播、流行或者其他严重后果的，对法定代表人、主要负责人、直接负责的主管人员和其他直接责任人员依法给予撤职、开除处分。

第七十七条　违反本法规定，将使用后的实验动物流入市场的，由县级以上人民政府科学技术主管部门责令改正，没收违法所得，并处二十万元以上一百万元以下的罚款，违法所得在二十万元以上的，并处违法所得五倍以上十倍以下的罚款；情节严重的，由发证部门吊销相关许可证件。

第七十八条　违反本法规定，有下列行为之一的，由县级以上人民政府有关部门根据职责分工，责令改正，没收违法所得，给予警告，可以并处十万元以上一百万元以下的罚款：

（一）购买或者引进列入管控清单的重要设备、特殊生物因子未进行登记，或者未报国务院有关部门备案；

（二）个人购买或者持有列入管控清单的重要设备或者特殊生物因子；

（三）个人设立病原微生物实验室或者从事病原微生物实验活动；

（四）未经实验室负责人批准进入高等级病原微生物实验室。

第七十九条　违反本法规定，未经批准，采集、保藏我国人类遗传资源或者利用我国人类遗传资源开展国际科学研究合作的，由国务院科学技术主管部门责令停止违法行为，没收违法所得和违法采集、保藏的人类遗传资源，并处五十万元以上五百万元以下的罚款，违法所得在一百万元以上的，并处违法所得五倍以上十倍以下的罚款；情节严重的，对法定代表人、主要负责人、直接负责的主管人员和其他直接责任人员，依法给予处分，五年内禁止从事相应活动。

第八十条　违反本法规定，境外组织、个人及其设立或者实际控制的机构在我国境内采集、保藏我国人类遗传资源，或者向境外提供我国人类遗传资源的，由国务院科学技术主管部门责令停止违法行为，没收违法所得和违法采集、保藏的人类遗传资源，并处一百万元以上一千万元以下的罚款；违法所得在一百万元以上的，并处违法所得十倍以上二十倍以下的罚款。

第八十一条　违反本法规定，未经批准，擅自引进外来物种的，由县级以上人民政府有关部门根据职责分工，没收引进的外来物种，并处五万元以上二十五万元以下的罚款。

违反本法规定，未经批准，擅自释放或者丢弃外来物种的，由县级以上人民政府有关部门根据职责分工，责令限期捕回、找回释放或者丢弃的外来物种，处一万元以上五万元以下的罚款。

第八十二条　违反本法规定，构成犯罪的，依法追究刑事责任；造成人身、财产或者其他损害的，依法承担民事责任。

第八十三条　违反本法规定的生物安全违法行为，本法未规定法律责任，其他有关法律、行政法规有规定的，依照其规定。

第八十四条　境外组织或者个人通过运输、邮寄、携带危险生物因子入境或者以其他方式危害我国生物安全的，依法追究法律责任，并可以采取其他必要措施。

第十章　附　　则

第八十五条　本法下列术语的含义：

（一）生物因子，是指动物、植物、微生物、生物毒素及其他生物活性物质。

（二）重大新发突发传染病，是指我国境内首次出现或者已经宣布消灭再次发生，或者突然发生，造成或者可能造成公众健康和生命安全严重损害，引起社会恐慌，影响社会稳定的传染病。

（三）重大新发突发动物疫情，是指我国境内首次发生或者已经宣布消灭的动物疫病再次发生，或者发病率、死亡率较高的潜伏动物疫病突然发生并迅速传播，给养殖业生产安全造成严重威胁、危害，以及可能对公众健康和生命安全造成危害的情形。

（四）重大新发突发植物疫情，是指我国境内首次发生或者已经宣布消灭的严重危害植物的真菌、细菌、病毒、昆虫、线虫、杂草、害鼠、软体动物等再次引发病虫害，或者本地有害生物突然大范围发生并迅速传播,对农作物、林木等植物造成严重危害的情形。

(五)生物技术研究、开发与应用,是指通过科学和工程原理认识、改造、合成、利用生物而从事的科学研究、技术开发与应用等活动。

(六)病原微生物,是指可以侵犯人、动物引起感染甚至传染病的微生物,包括病毒、细菌、真菌、立克次体、寄生虫等。

(七)植物有害生物,是指能够对农作物、林木等植物造成危害的真菌、细菌、病毒、昆虫、线虫、杂草、害鼠、软体动物等生物。

(八)人类遗传资源,包括人类遗传资源材料和人类遗传资源信息。人类遗传资源材料是指含有人体基因组、基因等遗传物质的器官、组织、细胞等遗传材料。人类遗传资源信息是指利用人类遗传资源材料产生的数据等信息资料。

(九)微生物耐药,是指微生物对抗微生物药物产生抗性,导致抗微生物药物不能有效控制微生物的感染。

(十)生物武器,是指类型和数量不属于预防、保护或者其他和平用途所正当需要的、任何来源或者任何方法产生的微生物剂、其他生物剂以及生物毒素;也包括为将上述生物剂、生物毒素使用于敌对目的或者武装冲突而设计的武器、设备或者运载工具。

(十一)生物恐怖,是指故意使用致病性微生物、生物毒素等实施袭击,损害人类或者动植物健康,引起社会恐慌,企图达到特定政治目的的行为。

第八十六条　生物安全信息属于国家秘密的,应当依照《中华人民共和国保守国家秘密法》和国家其他有关保密规定实施保密管理。

第八十七条　中国人民解放军、中国人民武装警察部队的生物安全活动,由中央军事委员会依照本法规定的原则另行规定。

第八十八条　本法自 2021 年 4 月 15 日起施行。

附录六　病原微生物实验室生物安全管理条例

病原微生物实验室生物安全管理条例

(2004 年 11 月 12 日中华人民共和国国务院令第 424 号公布 根据 2016 年 2 月 6 日《国务院关于修改部分行政法规的决定》第一次修订 根据 2018 年 3 月 19 日《国务院关于修改和废止部分行政法规的决定》第二次修订)

第一章　总　　则

第一条　为了加强病原微生物实验室(以下称实验室)生物安全管理,保护实验室工作人员和公众的健康,制定本条例。

第二条　对中华人民共和国境内的实验室及其从事实验活动的生物安全管理,适用本条例。

本条例所称病原微生物，是指能够使人或者动物致病的微生物。

本条例所称实验活动，是指实验室从事与病原微生物菌（毒）种、样本有关的研究、教学、检测、诊断等活动。

第三条　国务院卫生主管部门主管与人体健康有关的实验室及其实验活动的生物安全监督工作。

国务院兽医主管部门主管与动物有关的实验室及其实验活动的生物安全监督工作。

国务院其他有关部门在各自职责范围内负责实验室及其实验活动的生物安全管理工作。

县级以上地方人民政府及其有关部门在各自职责范围内负责实验室及其实验活动的生物安全管理工作。

第四条　国家对病原微生物实行分类管理，对实验室实行分级管理。

第五条　国家实行统一的实验室生物安全标准。实验室应当符合国家标准和要求。

第六条　实验室的设立单位及其主管部门负责实验室日常活动的管理，承担建立健全安全管理制度，检查、维护实验设施、设备，控制实验室感染的职责。

第二章　病原微生物的分类和管理

第七条　国家根据病原微生物的传染性、感染后对个体或者群体的危害程度，将病原微生物分为四类：

第一类病原微生物，是指能够引起人类或者动物非常严重疾病的微生物，以及我国尚未发现或者已经宣布消灭的微生物。

第二类病原微生物，是指能够引起人类或者动物严重疾病，比较容易直接或者间接在人与人、动物与人、动物与动物间传播的微生物。

第三类病原微生物，是指能够引起人类或者动物疾病，但一般情况下对人、动物或者环境不构成严重危害，传播风险有限，实验室感染后很少引起严重疾病，并且具备有效治疗和预防措施的微生物。

第四类病原微生物，是指在通常情况下不会引起人类或者动物疾病的微生物。

第一类、第二类病原微生物统称为高致病性病原微生物。

第八条　人间传染的病原微生物名录由国务院卫生主管部门商国务院有关部门后制定、调整并予以公布；动物间传染的病原微生物名录由国务院兽医主管部门商国务院有关部门后制定、调整并予以公布。

第九条　采集病原微生物样本应当具备下列条件：

（一）具有与采集病原微生物样本所需要的生物安全防护水平相适应的设备；

（二）具有掌握相关专业知识和操作技能的工作人员；

（三）具有有效的防止病原微生物扩散和感染的措施；

（四）具有保证病原微生物样本质量的技术方法和手段。

采集高致病性病原微生物样本的工作人员在采集过程中应当防止病原微生物扩散和感染，并对样本的来源、采集过程和方法等作详细记录。

第十条　运输高致病性病原微生物菌（毒）种或者样本，应当通过陆路运输；没有陆路通道，必须经水路运输的，可以通过水路运输；紧急情况下或者需要将高致病性病原微生物菌

(毒)种或者样本运往国外的,可以通过民用航空运输。

第十一条　运输高致病性病原微生物菌(毒)种或者样本,应当具备下列条件:

(一)运输目的、高致病性病原微生物的用途和接收单位符合国务院卫生主管部门或者兽医主管部门的规定;

(二)高致病性病原微生物菌(毒)种或者样本的容器应当密封,容器或者包装材料还应当符合防水、防破损、防外泄、耐高(低)温、耐高压的要求;

(三)容器或者包装材料上应当印有国务院卫生主管部门或者兽医主管部门规定的生物危险标识、警告用语和提示用语。

运输高致病性病原微生物菌(毒)种或者样本,应当经省级以上人民政府卫生主管部门或者兽医主管部门批准。在省、自治区、直辖市行政区域内运输的,由省、自治区、直辖市人民政府卫生主管部门或者兽医主管部门批准;需要跨省、自治区、直辖市运输或者运往国外的,由出发地的省、自治区、直辖市人民政府卫生主管部门或者兽医主管部门进行初审后,分别报国务院卫生主管部门或者兽医主管部门批准。

出入境检验检疫机构在检验检疫过程中需要运输病原微生物样本的,由国务院出入境检验检疫部门批准,并同时向国务院卫生主管部门或者兽医主管部门通报。

通过民用航空运输高致病性病原微生物菌(毒)种或者样本的,除依照本条第二款、第三款规定取得批准外,还应当经国务院民用航空主管部门批准。

有关主管部门应当对申请人提交的关于运输高致病性病原微生物菌(毒)种或者样本的申请材料进行审查,对符合本条第一款规定条件的,应当即时批准。

第十二条　运输高致病性病原微生物菌(毒)种或者样本,应当由不少于 2 人的专人护送,并采取相应的防护措施。

有关单位或者个人不得通过公共电(汽)车和城市铁路运输病原微生物菌(毒)种或者样本。

第十三条　需要通过铁路、公路、民用航空等公共交通工具运输高致病性病原微生物菌(毒)种或者样本的,承运单位应当凭本条例第十一条规定的批准文件予以运输。

承运单位应当与护送人共同采取措施,确保所运输的高致病性病原微生物菌(毒)种或者样本的安全,严防发生被盗、被抢、丢失、泄漏事件。

第十四条　国务院卫生主管部门或者兽医主管部门指定的菌(毒)种保藏中心或者专业实验室(以下称保藏机构),承担集中储存病原微生物菌(毒)种和样本的任务。

保藏机构应当依照国务院卫生主管部门或者兽医主管部门的规定,储存实验室送交的病原微生物菌(毒)种和样本,并向实验室提供病原微生物菌(毒)种和样本。

保藏机构应当制定严格的安全保管制度,作好病原微生物菌(毒)种和样本进出和储存的记录,建立档案制度,并指定专人负责。对高致病性病原微生物菌(毒)种和样本应当设专库或者专柜单独储存。

保藏机构储存、提供病原微生物菌(毒)种和样本,不得收取任何费用,其经费由同级财政在单位预算中予以保障。

保藏机构的管理办法由国务院卫生主管部门会同国务院兽医主管部门制定。

第十五条　保藏机构应当凭实验室依照本条例的规定取得的从事高致病性病原微生物相关实验活动的批准文件，向实验室提供高致病性病原微生物菌（毒）种和样本，并予以登记。

第十六条　实验室在相关实验活动结束后，应当依照国务院卫生主管部门或者兽医主管部门的规定，及时将病原微生物菌（毒）种和样本就地销毁或者送交保藏机构保管。

保藏机构接受实验室送交的病原微生物菌（毒）种和样本，应当予以登记，并开具接收证明。

第十七条　高致病性病原微生物菌（毒）种或者样本在运输、储存中被盗、被抢、丢失、泄漏的，承运单位、护送人、保藏机构应当采取必要的控制措施，并在 2 小时内分别向承运单位的主管部门、护送人所在单位和保藏机构的主管部门报告，同时向所在地的县级人民政府卫生主管部门或者兽医主管部门报告，发生被盗、被抢、丢失的，还应当向公安机关报告；接到报告的卫生主管部门或者兽医主管部门应当在 2 小时内向本级人民政府报告，并同时向上级人民政府卫生主管部门或者兽医主管部门和国务院卫生主管部门或者兽医主管部门报告。

县级人民政府应当在接到报告后 2 小时内向设区的市级人民政府或者上一级人民政府报告；设区的市级人民政府应当在接到报告后 2 小时内向省、自治区、直辖市人民政府报告。省、自治区、直辖市人民政府应当在接到报告后 1 小时内，向国务院卫生主管部门或者兽医主管部门报告。

任何单位和个人发现高致病性病原微生物菌（毒）种或者样本的容器或者包装材料，应当及时向附近的卫生主管部门或者兽医主管部门报告；接到报告的卫生主管部门或者兽医主管部门应当及时组织调查核实，并依法采取必要的控制措施。

第三章　实验室的设立与管理

第十八条　国家根据实验室对病原微生物的生物安全防护水平，并依照实验室生物安全国家标准的规定，将实验室分为一级、二级、三级、四级。

第十九条　新建、改建、扩建三级、四级实验室或者生产、进口移动式三级、四级实验室应当遵守下列规定：

（一）符合国家生物安全实验室体系规划并依法履行有关审批手续；

（二）经国务院科技主管部门审查同意；

（三）符合国家生物安全实验室建筑技术规范；

（四）依照《中华人民共和国环境影响评价法》的规定进行环境影响评价并经环境保护主管部门审查批准；

（五）生物安全防护级别与其拟从事的实验活动相适应。

前款规定所称国家生物安全实验室体系规划，由国务院投资主管部门会同国务院有关部门制定。制定国家生物安全实验室体系规划应当遵循总量控制、合理布局、资源共享的原则，并应当召开听证会或者论证会，听取公共卫生、环境保护、投资管理和实验室管理等方面专家的意见。

第二十条　三级、四级实验室应当通过实验室国家认可。

国务院认证认可监督管理部门确定的认可机构应当依照实验室生物安全国家标准以及本条例的有关规定，对三级、四级实验室进行认可；实验室通过认可的，颁发相应级别的生物安全实验室证书。证书有效期为5年。

第二十一条　一级、二级实验室不得从事高致病性病原微生物实验活动。三级、四级实验室从事高致病性病原微生物实验活动，应当具备下列条件：

（一）实验目的和拟从事的实验活动符合国务院卫生主管部门或者兽医主管部门的规定；

（二）通过实验室国家认可；

（三）具有与拟从事的实验活动相适应的工作人员；

（四）工程质量经建筑主管部门依法检测验收合格。

第二十二条　三级、四级实验室，需要从事某种高致病性病原微生物或者疑似高致病性病原微生物实验活动的，应当依照国务院卫生主管部门或者兽医主管部门的规定报省级以上人民政府卫生主管部门或者兽医主管部门批准。实验活动结果以及工作情况应当向原批准部门报告。

实验室申报或者接受与高致病性病原微生物有关的科研项目，应当符合科研需要和生物安全要求，具有相应的生物安全防护水平。与动物间传染的高致病性病原微生物有关的科研项目，应当经国务院兽医主管部门同意；与人体健康有关的高致病性病原微生物科研项目，实验室应当将立项结果告知省级以上人民政府卫生主管部门。

第二十三条　出入境检验检疫机构、医疗卫生机构、动物防疫机构在实验室开展检测、诊断工作时，发现高致病性病原微生物或者疑似高致病性病原微生物，需要进一步从事这类高致病性病原微生物相关实验活动的，应当依照本条例的规定经批准同意，并在具备相应条件的实验室中进行。

专门从事检测、诊断的实验室应当严格依照国务院卫生主管部门或者兽医主管部门的规定，建立健全规章制度，保证实验室生物安全。

第二十四条　省级以上人民政府卫生主管部门或者兽医主管部门应当自收到需要从事高致病性病原微生物相关实验活动的申请之日起15日内作出是否批准的决定。

对出入境检验检疫机构为了检验检疫工作的紧急需要，申请在实验室对高致病性病原微生物或者疑似高致病性病原微生物开展进一步实验活动的，省级以上人民政府卫生主管部门或者兽医主管部门应当自收到申请之时起2小时内作出是否批准的决定；2小时内未作出决定的，实验室可以从事相应的实验活动。

省级以上人民政府卫生主管部门或者兽医主管部门应当为申请人通过电报、电传、传真、电子数据交换和电子邮件等方式提出申请提供方便。

第二十五条　新建、改建或者扩建一级、二级实验室，应当向设区的市级人民政府卫生主管部门或者兽医主管部门备案。设区的市级人民政府卫生主管部门或者兽医主管部门应当每年将备案情况汇总后报省、自治区、直辖市人民政府卫生主管部门或者兽医主管部门。

第二十六条　国务院卫生主管部门和兽医主管部门应当定期汇总并互相通报实验室数量和实验室设立、分布情况，以及三级、四级实验室从事高致病性病原微生物实验活动的情况。

第二十七条　已经建成并通过实验室国家认可的三级、四级实验室应当向所在地的县级人民政府环境保护主管部门备案。环境保护主管部门依照法律、行政法规的规定对实验室排放的废水、废气和其他废物处置情况进行监督检查。

第二十八条　对我国尚未发现或者已经宣布消灭的病原微生物，任何单位和个人未经批准不得从事相关实验活动。

为了预防、控制传染病，需要从事前款所指病原微生物相关实验活动的，应当经国务院卫生主管部门或者兽医主管部门批准，并在批准部门指定的专业实验室中进行。

第二十九条　实验室使用新技术、新方法从事高致病性病原微生物相关实验活动的，应当符合防止高致病性病原微生物扩散、保证生物安全和操作者人身安全的要求，并经国家病原微生物实验室生物安全专家委员会论证；经论证可行的，方可使用。

第三十条　需要在动物体上从事高致病性病原微生物相关实验活动的，应当在符合动物实验室生物安全国家标准的三级以上实验室进行。

第三十一条　实验室的设立单位负责实验室的生物安全管理。

实验室的设立单位应当依照本条例的规定制定科学、严格的管理制度，并定期对有关生物安全规定的落实情况进行检查，定期对实验室设施、设备、材料等进行检查、维护和更新，以确保其符合国家标准。

实验室的设立单位及其主管部门应当加强对实验室日常活动的管理。

第三十二条　实验室负责人为实验室生物安全的第一责任人。

实验室从事实验活动应当严格遵守有关国家标准和实验室技术规范、操作规程。实验室负责人应当指定专人监督检查实验室技术规范和操作规程的落实情况。

第三十三条　从事高致病性病原微生物相关实验活动的实验室的设立单位，应当建立健全安全保卫制度，采取安全保卫措施，严防高致病性病原微生物被盗、被抢、丢失、泄漏，保障实验室及其病原微生物的安全。实验室发生高致病性病原微生物被盗、被抢、丢失、泄漏的，实验室的设立单位应当依照本条例第十七条的规定进行报告。

从事高致病性病原微生物相关实验活动的实验室应当向当地公安机关备案，并接受公安机关有关实验室安全保卫工作的监督指导。

第三十四条　实验室或者实验室的设立单位应当每年定期对工作人员进行培训，保证其掌握实验室技术规范、操作规程、生物安全防护知识和实际操作技能，并进行考核。工作人员经考核合格的，方可上岗。

从事高致病性病原微生物相关实验活动的实验室，应当每半年将培训、考核其工作人员的情况和实验室运行情况向省、自治区、直辖市人民政府卫生主管部门或者兽医主管部门报告。

第三十五条　从事高致病性病原微生物相关实验活动应当有 2 名以上的工作人员共同进行。

进入从事高致病性病原微生物相关实验活动的实验室的工作人员或者其他有关人员，应当经实验室负责人批准。实验室应当为其提供符合防护要求的防护用品并采取其他职业防护措施。从事高致病性病原微生物相关实验活动的实验室，还应当对实验室工作人员进行健康监测，每年组织对其进行体检，并建立健康档案；必要时，应当对实验室工作人员进行预防接种。

第三十六条　在同一个实验室的同一个独立安全区域内，只能同时从事一种高致病性病原微生物的相关实验活动。

第三十七条　实验室应当建立实验档案，记录实验室使用情况和安全监督情况。实验室从事高致病性病原微生物相关实验活动的实验档案保存期，不得少于20年。

第三十八条　实验室应当依照环境保护的有关法律、行政法规和国务院有关部门的规定，对废水、废气以及其他废物进行处置，并制定相应的环境保护措施，防止环境污染。

第三十九条　三级、四级实验室应当在明显位置标示国务院卫生主管部门和兽医主管部门规定的生物危险标识和生物安全实验室级别标志。

第四十条　从事高致病性病原微生物相关实验活动的实验室应当制定实验室感染应急处置预案，并向该实验室所在地的省、自治区、直辖市人民政府卫生主管部门或者兽医主管部门备案。

第四十一条　国务院卫生主管部门和兽医主管部门会同国务院有关部门组织病原学、免疫学、检验医学、流行病学、预防兽医学、环境保护和实验室管理等方面的专家，组成国家病原微生物实验室生物安全专家委员会。该委员会承担从事高致病性病原微生物相关实验活动的实验室的设立与运行的生物安全评估和技术咨询、论证工作。

省、自治区、直辖市人民政府卫生主管部门和兽医主管部门会同同级人民政府有关部门组织病原学、免疫学、检验医学、流行病学、预防兽医学、环境保护和实验室管理等方面的专家，组成本地区病原微生物实验室生物安全专家委员会。该委员会承担本地区实验室设立和运行的技术咨询工作。

第四章　实验室感染控制

第四十二条　实验室的设立单位应当指定专门的机构或者人员承担实验室感染控制工作，定期检查实验室的生物安全防护、病原微生物菌（毒）种和样本保存与使用、安全操作、实验室排放的废水和废气以及其他废物处置等规章制度的实施情况。

负责实验室感染控制工作的机构或者人员应当具有与该实验室中的病原微生物有关的传染病防治知识，并定期调查、了解实验室工作人员的健康状况。

第四十三条　实验室工作人员出现与本实验室从事的高致病性病原微生物相关实验活动有关的感染临床症状或者体征时，实验室负责人应当向负责实验室感染控制工作的机构或者人员报告，同时派专人陪同及时就诊；实验室工作人员应当将近期所接触的病原微生物的种类和危险程度如实告知诊治医疗机构。接诊的医疗机构应当及时救治；不具备相应救治条件的，应当依照规定将感染的实验室工作人员转诊至具备相应传染病救治条件的医疗机构；具备相应传染病救治条件的医疗机构应当接诊治疗，不得拒绝救治。

第四十四条　实验室发生高致病性病原微生物泄漏时，实验室工作人员应当立即采取控制措施，防止高致病性病原微生物扩散，并同时向负责实验室感染控制工作的机构或者人员报告。

第四十五条　负责实验室感染控制工作的机构或者人员接到本条例第四十三条、第四十四条规定的报告后，应当立即启动实验室感染应急处置预案，并组织人员对该实验室生物安全状况等情况进行调查；确认发生实验室感染或者高致病性病原微生物泄漏的，应当依照本条例第十七条的规定进行报告，并同时采取控制措施，对有关人员进行医学观察或者隔离治疗，封闭实验室，防止扩散。

第四十六条　卫生主管部门或者兽医主管部门接到关于实验室发生工作人员感染事故或者病原微生物泄漏事件的报告，或者发现实验室从事病原微生物相关实验活动造成实验室感染事故的，应当立即组织疾病预防控制机构、动物防疫监督机构和医疗机构以及其他有关机构依法采取下列预防、控制措施：

（一）封闭被病原微生物污染的实验室或者可能造成病原微生物扩散的场所；

（二）开展流行病学调查；

（三）对病人进行隔离治疗，对相关人员进行医学检查；

（四）对密切接触者进行医学观察；

（五）进行现场消毒；

（六）对染疫或者疑似染疫的动物采取隔离、扑杀等措施；

（七）其他需要采取的预防、控制措施。

第四十七条　医疗机构或者兽医医疗机构及其执行职务的医务人员发现由于实验室感染而引起的与高致病性病原微生物相关的传染病病人、疑似传染病病人或者患有疫病、疑似患有疫病的动物，诊治的医疗机构或者兽医医疗机构应当在 2 小时内报告所在地的县级人民政府卫生主管部门或者兽医主管部门；接到报告的卫生主管部门或者兽医主管部门应当在 2 小时内通报实验室所在地的县级人民政府卫生主管部门或者兽医主管部门。接到通报的卫生主管部门或者兽医主管部门应当依照本条例第四十六条的规定采取预防、控制措施。

第四十八条　发生病原微生物扩散，有可能造成传染病暴发、流行时，县级以上人民政府卫生主管部门或者兽医主管部门应当依照有关法律、行政法规的规定以及实验室感染应急处置预案进行处理。

第五章　监督管理

第四十九条　县级以上地方人民政府卫生主管部门、兽医主管部门依照各自分工，履行下列职责：

（一）对病原微生物菌（毒）种、样本的采集、运输、储存进行监督检查；

（二）对从事高致病性病原微生物相关实验活动的实验室是否符合本条例规定的条件进行监督检查；

（三）对实验室或者实验室的设立单位培训、考核其工作人员以及上岗人员的情况进行监督检查；

（四）对实验室是否按照有关国家标准、技术规范和操作规程从事病原微生物相关实验活动进行监督检查。

县级以上地方人民政府卫生主管部门、兽医主管部门，应当主要通过检查反映实验室执行国家有关法律、行政法规以及国家标准和要求的记录、档案、报告，切实履行监督管理职责。

第五十条　县级以上人民政府卫生主管部门、兽医主管部门、环境保护主管部门在履行监督检查职责时，有权进入被检查单位和病原微生物泄漏或者扩散现场调查取证、采集样品，查阅复制有关资料。需要进入从事高致病性病原微生物相关实验活动的实验室调查取证、采集样品的，应当指定或者委托专业机构实施。被检查单位应当予以配合，不得拒绝、阻挠。

第五十一条　国务院认证认可监督管理部门依照《中华人民共和国认证认可条例》的规定

对实验室认可活动进行监督检查。

第五十二条　卫生主管部门、兽医主管部门、环境保护主管部门应当依据法定的职权和程序履行职责，做到公正、公平、公开、文明、高效。

第五十三条　卫生主管部门、兽医主管部门、环境保护主管部门的执法人员执行职务时，应当有2名以上执法人员参加，出示执法证件，并依照规定填写执法文书。

现场检查笔录、采样记录等文书经核对无误后，应当由执法人员和被检查人、被采样人签名。被检查人、被采样人拒绝签名的，执法人员应当在自己签名后注明情况。

第五十四条　卫生主管部门、兽医主管部门、环境保护主管部门及其执法人员执行职务，应当自觉接受社会和公民的监督。公民、法人和其他组织有权向上级人民政府及其卫生主管部门、兽医主管部门、环境保护主管部门举报地方人民政府及其有关主管部门不依照规定履行职责的情况。接到举报的有关人民政府或者其卫生主管部门、兽医主管部门、环境保护主管部门，应当及时调查处理。

第五十五条　上级人民政府卫生主管部门、兽医主管部门、环境保护主管部门发现属于下级人民政府卫生主管部门、兽医主管部门、环境保护主管部门职责范围内需要处理的事项的，应当及时告知该部门处理；下级人民政府卫生主管部门、兽医主管部门、环境保护主管部门不及时处理或者不积极履行本部门职责的，上级人民政府卫生主管部门、兽医主管部门、环境保护主管部门应当责令其限期改正；逾期不改正的，上级人民政府卫生主管部门、兽医主管部门、环境保护主管部门有权直接予以处理。

第六章　法律责任

第五十六条　三级、四级实验室未经批准从事某种高致病性病原微生物或者疑似高致病性病原微生物实验活动的，由县级以上地方人民政府卫生主管部门、兽医主管部门依照各自职责，责令停止有关活动，监督其将用于实验活动的病原微生物销毁或者送交保藏机构，并给予警告；造成传染病传播、流行或者其他严重后果的，由实验室的设立单位对主要负责人、直接负责的主管人员和其他直接责任人员，依法给予撤职、开除的处分；构成犯罪的，依法追究刑事责任。

第五十七条　卫生主管部门或者兽医主管部门违反本条例的规定，准予不符合本条例规定条件的实验室从事高致病性病原微生物相关实验活动的，由作出批准决定的卫生主管部门或者兽医主管部门撤销原批准决定，责令有关实验室立即停止有关活动，并监督其将用于实验活动的病原微生物销毁或者送交保藏机构，对直接负责的主管人员和其他直接责任人员依法给予行政处分；构成犯罪的，依法追究刑事责任。

因违法作出批准决定给当事人的合法权益造成损害的，作出批准决定的卫生主管部门或者兽医主管部门应当依法承担赔偿责任。

第五十八条　卫生主管部门或者兽医主管部门对出入境检验检疫机构为了检验检疫工作的紧急需要，申请在实验室对高致病性病原微生物或者疑似高致病性病原微生物开展进一步检测活动，不在法定期限内作出是否批准决定的，由其上级行政机关或者监察机关责令改正，给予警告；造成传染病传播、流行或者其他严重后果的，对直接负责的主管人员和其他直接责任人员依法给予撤职、开除的行政处分；构成犯罪的，依法追究刑事责任。

第五十九条　违反本条例规定，在不符合相应生物安全要求的实验室从事病原微生物相关实验活动的，由县级以上地方人民政府卫生主管部门、兽医主管部门依照各自职责，责令停止有关活动，监督其将用于实验活动的病原微生物销毁或者送交保藏机构，并给予警告；造成传染病传播、流行或者其他严重后果的，由实验室的设立单位对主要负责人、直接负责的主管人员和其他直接责任人员，依法给予撤职、开除的处分；构成犯罪的，依法追究刑事责任。

第六十条　实验室有下列行为之一的，由县级以上地方人民政府卫生主管部门、兽医主管部门依照各自职责，责令限期改正，给予警告；逾期不改正的，由实验室的设立单位对主要负责人、直接负责的主管人员和其他直接责任人员，依法给予撤职、开除的处分；有许可证件的，并由原发证部门吊销有关许可证件：

（一）未依照规定在明显位置标示国务院卫生主管部门和兽医主管部门规定的生物危险标识和生物安全实验室级别标志的；

（二）未向原批准部门报告实验活动结果以及工作情况的；

（三）未依照规定采集病原微生物样本，或者对所采集样本的来源、采集过程和方法等未作详细记录的；

（四）新建、改建或者扩建一级、二级实验室未向设区的市级人民政府卫生主管部门或者兽医主管部门备案的；

（五）未依照规定定期对工作人员进行培训，或者工作人员考核不合格允许其上岗，或者批准未采取防护措施的人员进入实验室的；

（六）实验室工作人员未遵守实验室生物安全技术规范和操作规程的；

（七）未依照规定建立或者保存实验档案的；

（八）未依照规定制定实验室感染应急处置预案并备案的。

第六十一条　经依法批准从事高致病性病原微生物相关实验活动的实验室的设立单位未建立健全安全保卫制度，或者未采取安全保卫措施的，由县级以上地方人民政府卫生主管部门、兽医主管部门依照各自职责，责令限期改正；逾期不改正，导致高致病性病原微生物菌（毒）种、样本被盗、被抢或者造成其他严重后果的，责令停止该项实验活动，该实验室 2 年内不得申请从事高致病性病原微生物实验活动；造成传染病传播、流行的，该实验室设立单位的主管部门还应当对该实验室的设立单位的直接负责的主管人员和其他直接责任人员，依法给予降级、撤职、开除的处分；构成犯罪的，依法追究刑事责任。

第六十二条　未经批准运输高致病性病原微生物菌（毒）种或者样本，或者承运单位经批准运输高致病性病原微生物菌（毒）种或者样本未履行保护义务，导致高致病性病原微生物菌（毒）种或者样本被盗、被抢、丢失、泄漏的，由县级以上地方人民政府卫生主管部门、兽医主管部门依照各自职责，责令采取措施，消除隐患，给予警告；造成传染病传播、流行或者其他严重后果的，由托运单位和承运单位的主管部门对主要负责人、直接负责的主管人员和其他直接责任人员，依法给予撤职、开除的处分；构成犯罪的，依法追究刑事责任。

第六十三条　有下列行为之一的，由实验室所在地的设区的市级以上地方人民政府卫生主管部门、兽医主管部门依照各自职责，责令有关单位立即停止违法活动，监督其将病原微生物销毁或者送交保藏机构；造成传染病传播、流行或者其他严重后果的，由其所在单位或者其上级主管部门对主要负责人、直接负责的主管人员和其他直接责任人员，依法给予撤职、开除的处分；有许可证件的，并由原发证部门吊销有关许可证件；构成犯罪的，依法追究刑事责任：

（一）实验室在相关实验活动结束后，未依照规定及时将病原微生物菌（毒）种和样本就地销毁或者送交保藏机构保管的；

（二）实验室使用新技术、新方法从事高致病性病原微生物相关实验活动未经国家病原微生物实验室生物安全专家委员会论证的；

（三）未经批准擅自从事在我国尚未发现或者已经宣布消灭的病原微生物相关实验活动的；

（四）在未经指定的专业实验室从事在我国尚未发现或者已经宣布消灭的病原微生物相关实验活动的；

（五）在同一个实验室的同一个独立安全区域内同时从事两种或者两种以上高致病性病原微生物的相关实验活动的。

第六十四条　认可机构对不符合实验室生物安全国家标准以及本条例规定条件的实验室予以认可，或者对符合实验室生物安全国家标准以及本条例规定条件的实验室不予认可的，由国务院认证认可监督管理部门责令限期改正，给予警告；造成传染病传播、流行或者其他严重后果的，由国务院认证认可监督管理部门撤销其认可资格，有上级主管部门的，由其上级主管部门对主要负责人、直接负责的主管人员和其他直接责任人员依法给予撤职、开除的处分；构成犯罪的，依法追究刑事责任。

第六十五条　实验室工作人员出现该实验室从事的病原微生物相关实验活动有关的感染临床症状或者体征，以及实验室发生高致病性病原微生物泄漏时，实验室负责人、实验室工作人员、负责实验室感染控制的专门机构或者人员未依照规定报告，或者未依照规定采取控制措施的，由县级以上地方人民政府卫生主管部门、兽医主管部门依照各自职责，责令限期改正，给予警告；造成传染病传播、流行或者其他严重后果的，由其设立单位对实验室主要负责人、直接负责的主管人员和其他直接责任人员，依法给予撤职、开除的处分；有许可证件的，并由原发证部门吊销有关许可证件；构成犯罪的，依法追究刑事责任。

第六十六条　拒绝接受卫生主管部门、兽医主管部门依法开展有关高致病性病原微生物扩散的调查取证、采集样品等活动或者依照本条例规定采取有关预防、控制措施的，由县级以上人民政府卫生主管部门、兽医主管部门依照各自职责，责令改正，给予警告；造成传染病传播、流行以及其他严重后果的，由实验室的设立单位对实验室主要负责人、直接负责的主管人员和其他直接责任人员，依法给予降级、撤职、开除的处分；有许可证件的，并由原发证部门吊销有关许可证件；构成犯罪的，依法追究刑事责任。

第六十七条　发生病原微生物被盗、被抢、丢失、泄漏，承运单位、护送人、保藏机构和实验室的设立单位未依照本条例的规定报告的，由所在地的县级人民政府卫生主管部门或者兽医主管部门给予警告；造成传染病传播、流行或者其他严重后果的，由实验室的设立单位或者承运单位、保藏机构的上级主管部门对主要负责人、直接负责的主管人员和其他直接责任人员，依法给予撤职、开除的处分；构成犯罪的，依法追究刑事责任。

第六十八条　保藏机构未依照规定储存实验室送交的菌（毒）种和样本，或者未依照规定提供菌(毒)种和样本的,由其指定部门责令限期改正,收回违法提供的菌(毒)种和样本,并给予警告;造成传染病传播、流行或者其他严重后果的,由其所在单位或者其上级主管部门对主要负责人、直接负责的主管人员和其他直接责任人员,依法给予撤职、开除的处分;构成犯罪的,依法追究刑事责任。

第六十九条　县级以上人民政府有关主管部门,未依照本条例的规定履行实验室及其实验活动监督检查职责的,由有关人民政府在各自职责范围内责令改正,通报批评;造成传染病传播、流行或者其他严重后果的,对直接负责的主管人员,依法给予行政处分;构成犯罪的,依法追究刑事责任。

第七章　附　　则

第七十条　军队实验室由中国人民解放军卫生主管部门参照本条例负责监督管理。

第七十一条　本条例施行前设立的实验室,应当自本条例施行之日起6个月内,依照本条例的规定,办理有关手续。

第七十二条　本条例自公布之日起施行。

七部门联合发布:关于加强动物病原微生物实验室生物安全管理工作的通知

农业农村部办公厅　教育部办公厅　科学技术部办公厅　国家卫生健康委办公厅　海关总署办公厅　国家林业与草原局办公室　中国科学院办公厅关于加强动物病原微生物实验室生物安全管理的通知

各省、自治区、直辖市农业农村(农牧、畜牧兽医)厅(局、委)、教育厅(教委)、科技厅(委、局)、卫生健康委,各直属海关,林草局,中国科学院各相关研究院所:

为深入贯彻落实总体国家安全观,切实推进国家生物安全,进一步加强动物病原微生物实验室生物安全管理,依据《中华人民共和国动物防疫法》(以下简称《动物防疫法》)《中华人民共和国传染病防治法》(以下简称《传染病防治法》)《病原微生物实验室生物安全管理条例》(以下简称《条例》)等有关法律法规和规章,现就做好动物病原微生物实验室生物安全管理工作有关事项通知如下。

一、充分认识做好病原微生物实验室生物安全管理工作的重要性

病原微生物实验室生物安全是国家生物安全的重要组成部分,事关养殖业生产安全、动物源性食品安全和公共卫生安全,事关国家经济发展和社会稳定。近年来,各地各有关部门认真贯彻落实《动物防疫法》《传染病防治法》《条例》等有关法律法规,密切合作,不断加强病原微生物实验室生物安全管理工作,取得积极成效,实验室生物安全水平明显提高。但是,部分实验室生物安全管理工作仍存在一些问题和隐患。各地各有关部门要切实增强做好病原微生物实验室生物安全管理的责任感和使命感,强化安全意识,健全管理措施,落实管理责任,有效防范

和化解实验室生物安全风险。

二、加强动物病原微生物实验室设立与备案管理

各地畜牧兽医主管部门要加强部门合作，切实做好包括新建、改建、扩建生物安全一级、二级实验室在内的动物病原微生物实验室（含第三方实验室）的备案管理，建立完善实验室电子备案及信息化系统。配合做好新建、改建、扩建生物安全三级、四级实验室审查。建立和完善部门间生物安全三级、四级实验室管理信息交流机制，共同推动实验室依法依规建设。实验室设立的法人单位在实验室建设项目开工前，应当依法开展环境影响评价。

三、加强动物病原微生物实验活动监管

一是规范实验活动行政许可。生物安全三级、四级实验室需要从事某种高致病性动物病原微生物或者疑似高致病性动物病原微生物实验活动的，应当按照《条例》《高致病性动物病原微生物实验室生物安全管理审批办法》《农业部关于进一步规范高致病性动物病原微生物实验活动审批工作的通知》等规定，报省级以上畜牧兽医主管部门批准。严格实验活动生物安全承诺制度和实验活动情况报告制度。任何单位和个人未经批准不得从事相关实验活动。对海关为了检验检疫工作紧急需要从事相关实验活动的，按照《条例》第二十四条规定执行。紧急实验活动结束后，应依法停止开展相关实验活动；拟继续从事相关实验活动的，应依法获得相应实验活动行政许可。

二是加强实验活动监督检查。各地畜牧兽医主管部门要加强对辖区内动物病原微生物实验室及其实验活动的生物安全监督管理。严格监督执法，对未经批准从事高致病性动物病原微生物实验活动的，要依法严肃查处，对由此产生的任何科研成果均不予认可。对实验室能力条件发生变化，不再符合国家标准或有关规定的，要及时暂停或取消实验活动许可。

三是加强相关科研成果发表管理。各有关部门要按照《科技部教育部农业部卫生部中科院中国科协关于加强我国病毒研究成果发表管理的通知》（国科发社〔2012〕921 号）要求，加强对所属科研院所、大专院校、出版机构有关高致病性病原微生物研究成果发表的管理，将实验室生物安全管理情况纳入相关绩效评价工作。

四、加强动物病原微生物菌（毒）种保藏保存管理

依据《条例》《动物病原微生物菌（毒）种保藏管理办法》（以下简称《办法》）等规定，国家对具有保藏价值的实验活动用动物病原微生物菌（毒）种和样本实行集中保藏。除农业农村部指定的菌（毒）种保藏机构和相关专业实验室外，其他单位和个人不得保藏高致病性病原微生物菌（毒）种和样本。各保藏机构和相关专业实验室要严格按照《办法》规定要求，做好菌（毒）种和样本的收集、保藏、供应、销毁管理，建立健全生物安全和安保管理制度，确保菌（毒）种和样本安全。对于违规保存菌（毒）种和样本的，当地畜牧兽医主管部门应当监督其就地销毁或送农业农村部指定的保藏机构保存。

从事有关动物疫情监测、疫病检测诊断、检验检疫和疫病研究等相关实验室及其设立单位要切实履行实验室生物安全管理主体责任，加强菌（毒）种和样本的采集、运输、接收、使用、保存、销毁的全链条安全管理和对外交流管理。其中，对于运输高致病性动物病原微生物菌（毒）

种或者样本的，应依据《条例》严格实施调运审批制度。需要运往国外的，由出发地省级畜牧兽医主管部门进行初审后，报农业农村部批准。其中，涉及《生物两用品及相关设备和技术出口管制清单》所列的菌（毒）种和样品的，申请单位还应依据《中华人民共和国生物两用品及相关设备和技术出口管制条例》及相关规章规定，获得商务部相应行政许可。从境外引进动物病原微生物菌（毒）种或者样本的，引进单位应当报农业农村部批准。其中，因科学研究等特殊需要，引进《中华人民共和国进出境动植物检疫法》第五条第一款所列禁止进境物的，还应向海关申请办理禁止进境物特许检疫审批手续。

五、加强动物病料采集和使用监管

各有关单位和个人采集病原微生物样本，应当具备《条例》第九条规定的相应设备、人员、措施、技术方法和手段等条件。对于重大动物疫病或疑似重大动物疫病，应当由动物防疫监督机构采集病料。其他单位和个人采集病料的，应当具备《重大动物疫情应急条例》第二十一条第一款规定的相应条件。采集高致病性病原微生物样本的工作人员在采集过程中应当防止病原微生物扩散和感染，并对样本的来源、采集过程和方法等作详细记录。各地畜牧兽医主管部门要加强病料采集和使用的安全监管。各实验室及其设立单位应加强相关实验活动废弃物的处置监管，保证灭菌有效、流向可追溯。

六、加强相关科研项目审查管理

各地畜牧兽医主管部门要切实做好高致病性动物病原微生物科研项目生物安全审查工作。实验室申报或者接受与高致病性动物病原微生物有关的科研项目，应当符合科研需要和生物安全要求，具备相应生物安全防护水平，并经农业农村部审查同意。教育、科技等有关部门在设立、申报和审批与高致病性动物病原微生物相关科研项目时，应当将实验室生物安全管理要求纳入相关内容。

各地各有关部门要加强协调配合，按照职责分工，切实做好动物病原微生物实验室生物安全管理工作。一是加强组织领导。按照《条例》等规定要求，切实履行好实验室生物安全管理责任，在各自职责范围内抓好实验室及其实验活动的生物安全管理工作，确保生物安全责任落实到部门、落实到单位、落实到具体人员。二是加强信息化管理。建立健全协调机制，进一步完善实验室生物安全管理信息通报制度，强化资源信息共享。三是加强宣传培训。广泛宣传病原微生物实验室的生物安全政策法规和标准，加强技术指导与服务，督促实验室健全规章制度，强化实验室人员生物安全意识，提高生物安全防范能力。四是加强实验室安全保卫工作。督促生物安全三级、四级实验室向当地公安机关备案，并接受公安机关有关实验室安全保卫工作的监督指导。

本通知由农业农村部负责解释。

农业农村部办公厅　教育部办公厅　科学技术部办公厅　国家卫生健康委办公厅　海关总署办公厅　国家林业和草原局办公室　中国科学院办公厅

2020 年 2 月 9 日

附录七 冬春季非洲猪瘟防控关键技术

冬春季节，气温降低、昼夜温差大，空气干燥，非洲猪瘟病毒在环境中更易存活，猪只健康容易受影响，非洲猪瘟进入高发期。养殖场户应从消毒灭源、控制传播、提高猪只健康水平等方面强化防控措施，降低非洲猪瘟发生风险。

一、确保消毒效果

低温会影响消毒剂的稳定性和溶解性，使得消毒效果明显减弱。冬春季，养殖场户在消毒剂配制和使用过程中要充分考虑温度影响。

舍外消毒。若室外温度高于－6 ℃时，可使用 0.5％的戊二醛水溶液消毒。温度过低时，可选用低温消毒剂（二氯异氰尿酸钠/过硫酸氢钾复合物＋乙二醇、氯化钙等，其中，二氯异氰尿酸钠有效浓度为 0.2％～0.3％，过硫酸氢钾复合物有效浓度为 0.2％～0.5％）。可使用高温火焰对地面进行消毒。

舍内消毒。冬春季不建议舍内带猪消毒，舍内环境消毒时可使用 0.2％～0.5％的过硫酸氢钾复合物。

饮水消毒。使用二氧化氯、漂白粉等对猪只饮用水进行消毒，可合理添加酸化剂。

物资消毒。物资（疫苗和精液等温度敏感物品除外）到达养殖场后，应恢复至室温后再进行消毒处理。物资消毒宜在室内，避免露天消毒。优先选择烘干消毒，无法烘干消毒的物资可选择浸泡消毒。

烘干消毒：在 60～70 ℃保持 30 min，消毒过程中，物品之间留有空隙，避免堆叠，确保热空气流通。

浸泡消毒：宜使用 25 ℃左右的温水配制消毒剂，也可在室内安装供暖设备，将室温控制在 25 ℃左右。消毒液应完全浸没消毒物品 30 min 以上，期间可轻微搅动，确保所有物品表面均充分接触消毒液。

应急消毒。疫情风险较大时，可考虑每周进行一次全面、无死角的“白化”消毒（使用 15％～20％的石灰乳＋2％～3％的火碱溶液，配制成碱石灰混悬液），以便可视化消毒区域，并且延长消毒剂作用时间。也可使用 10％戊二醛、苯扎溴铵溶液进行“泡沫白化”消毒。

二、做好物资储备

为减少物资进场频次，降低非洲猪瘟传入风险，可做好物资采购计划，建议根据生产需求集中采购，适当储备 2～3 个月的物资。不同批次物资标记好入库时间，按入库先后顺序取用。冬季可增加物资的静置存放时间，25 ℃以上静置 10 天。

规模化猪场：可在猪场外围和场内建物资静置库，静置库宜独立专用，室内温度控制在 20～25 ℃。加强静置库管理，做好采样检测，保证消毒效果。易耗物资尽量选用固定供货商，并定期采样检测。

中小养殖场户：可在猪场门口配置物资消毒间，包括烘干房和浸泡池（桶）。消毒时应确保烘干间内物品受热均匀，物资要完全浸泡在消毒液液面以下。入冬前，可提前购置冬春季使用的兽药疫苗，消毒后放入库房备用；食物干货类可提前进场，水果蔬菜类每 2 周供应一次。不采购和食用非本场猪肉及与猪肉相关的熟食、火腿、风干肉、水饺、方便面等产品。

三、加强引种管理

北方地区猪场在每年 11 月份前，宜一次性引入足够量的小日龄后备猪，至次年 3—4 月，不再进行引种，尽可能降低引种带来的风险。

规模化猪场：若必须引种，需制定严格的引种生物安全方案，从种源选择、车辆洗消、路途运输到猪只卸载均需制定操作方案，各环节要有专人负责。要对种源进行背景资料调查和实地调研，包括供种猪场的选址、生物安全防护水平、途经区域环境等。要对猪场周边环境采样评估。引种严格执行 3 次非洲猪瘟病毒核酸和抗体的全群检测(引种前 1 周、引种后 1 周、入群前 1 周)。

中小养殖场户：选择信誉好的集团猪场采购仔猪。同一猪场选择单一种源，并采取“全进全出”的原则。运猪车辆需经清洗、洗消、烘干、采样检测合格后方可使用。

四、减少人员流动

人员携带被污染的物品流动，是非洲猪瘟病毒进入场内、在场内扩散的重要途径。冬春季节，可采取措施减少场内人员流动，降低出入次数。禁止无关人员靠近场区；鼓励员工带薪工作，减少休假频次。外来人员(如维修人员、施工人员)进场时，要保证彻底淋浴，全程监管。

采用三段式洗浴。人员进场淋浴是防止人员机械性带入非洲猪瘟病毒的有效措施。合理采用三段式洗浴(一次更衣、淋浴、二次更衣)可消除人员携带非洲猪瘟病毒的风险。

规模化猪场：猪场外围、门卫及生产线需配置标准淋浴间(一次更衣间、淋浴间、二次更衣间)。人员经充分淋浴、全面采样检测合格后方可进场进线。也可在场外设立人员隔离点，入场人员先在此进行采样、淋浴更衣，检测结果阴性后再由专车送到猪场，到达猪场生活区后再次进行采样、淋浴更衣，经过 24 h 隔离后即可淋浴更衣后进入猪舍。另外，入场人员也可在场区内隔离点采样检测，结果合格的，经淋浴后可以直接进入场区生活区，缩短隔离时间。

中小养殖场户：可在猪场门口配置标准淋浴间(一次更衣间、淋浴间、二次更衣间)，需有上下水和地暖。人员进场前在家或宾馆充分淋浴，住宿隔离 8 h 以上，换干净衣服到场。进场流程为，在一次更衣间内将衣服脱下后放入盛有消毒液的桶内浸泡，进入淋浴间充分淋浴，之后在二次更衣间内换新衣服进场。猪舍门口也应配置换衣间，人员进出猪舍要洗手、换衣服和鞋靴。

注意个人物品消毒。对人员携带的个人物品也要经消毒后带入。对于电子产品类(手机、电脑、充电器、耳机、鼠标、键盘、U 盘等)，可使用 75%酒精擦拭；对于防水的生产配件、工具、用品等，可用过硫氰酸钾(1∶200)浸泡消毒 30 min；对于劳保用品、办公用品等不能浸泡的物品，可 60～70 ℃烘干 30 min。

五、控制车辆进场

猪场使用的拉猪车、拉料车、无害化处理车等运输车辆易污染非洲猪瘟病毒。运输车辆要经彻底清洗、消毒、烘干及检测合格后使用。要尽量选择在场外作业，避免车辆入场。

规模化猪场：要专车专用，要严格执行车辆洗消流程：粗洗-皂洗(泡沫清洗)-精洗-沥干-消毒-干燥-检测。当室外温度低于 18 ℃时，车辆消毒可使用低温消毒剂。车辆经过的路面可使用火焰消毒。

中小养殖场户：可对猪场门口的路面进行硬化，硬化面积应大于$(15\times4)\ m^2$，便于对到场车辆进行彻底消毒。猪场内使用围挡进行分区。使用散装料的，建散装料仓，拉料车到达猪场附近，场外指定人员对车辆轮胎、底盘消毒后打料，拉料车驶离后，立即对车辆经停地消毒。使用袋装料的，建密闭的饲料静置库，到场饲料静置 15 d 以上后使用。静置库内可加地仓和绞龙，在舍内加接料管，饲喂时在舍内接料。

六、提高猪只健康水平

健康程度好的猪群，群体免疫力高，疫病抵抗力强。入冬前全面提升猪群的健康水平非常重要。

控制常见病。冬春季支原体病、格拉瑟病（副猪嗜血杆菌病）、链球菌病等呼吸道疫病以及大肠埃希菌病、产气荚膜梭菌病等消化道疫病高发。生猪患病后，呼吸道、消化道黏膜受损，非洲猪瘟病毒更易通过损伤黏膜侵入。可对生猪进行药物保健以降低病原在猪群中的循环，也可通过疫苗免疫方式提高群体抵抗力。为降低因饲料导致的胃肠道损伤，可通过调整饲料配方及生产工艺，减小饲料粒径。

及时淘汰病猪。加大病弱猪淘汰力度，及时将猪群中的易感动物剔除，降低猪群感染非洲猪瘟病毒风险。

加强饲养管理。饲喂：检查每批入库饲料数量、料号、保质期，确保料号和数量正确并在保质期内。查看料槽、料斗，确保不缺料，保证猪只自由采食，仔猪料槽添加最大量不超过料槽容量的 1/3，少喂勤添，不饲喂霉变饲料。饮水：检查储水桶是否按要求消毒，水量是否充足，水嘴是否能正常使用，水管是否有损坏、漏水等现象，每日按压水嘴，检查水压流速是否满足猪只需求，缺水时及时补充。通风：查看猪舍门窗、风机是否正常，有无贼风情况，防止出现对流风、穿堂风。查看出粪口是否封闭。早晨进入猪舍时通过感受舍内氨气味，判断通风状况。温湿度：查看猪舍温度、湿度是否满足当前猪群日龄的需求，关注舍内温差大小。卫生：查看地面是否干净，是否存在粪便堆积、尿水积存的现象，猪栏墙、水管、料槽等部位是否尘土过多，舍内是否有蜘蛛网。

做好环境控制。冬季，规模化猪场做好风机、水帘、门窗等的密封保暖工作，同时在所有进风口加装初效过滤棉，风机口加风机罩，降低春季刮风时病原随风沙进入猪场的风险。保温：冬季在进猪前一天将舍温提升到 26 ℃以上，锅炉水温达到 55～65 ℃。配备足够的地暖面积、散热器、煤炭等燃料，按照猪只体重、日龄保证相应的舍内温度，昼夜温差控制在 2～3 ℃以内。可增加保温措施，舍外北墙封无纺布，门口外设挡风墙，粪口设挡板，封住风机和湿帘口，舍门内设门帘，舍中间设隔离帘，舍内吊顶，备足垫料，弱猪配备烤灯。冬季肥猪销售后，空栏期要把地暖、暖风机、饮水器内的水全部放掉，防止冻坏，下次运行时先加水排气再烧锅炉供暖。通风：冬季舍内应没有氨气味，空气粉尘含量低，通风的风速控制在 3 m/s 以内，舍内温度控制均匀。自然通风的猪舍，冬季开窗时要注意打开所有窗户，打开的大小以人站在舍内窗户前感受不到风速为标准，达到均匀通风，不能打开舍门。机械通风的猪舍，采用排风扇定时抽风，抽风时段保证对温度影响控制在 2℃以内。也可开启天窗排风，每小时通风量＝猪数×猪只均重×0.65，根据猪舍所需通风量选择风机大小。安装变频温控设备的，不使用定时开关。

七、强化防鼠措施

冬季天气寒冷、食物匮乏，温暖的猪舍以及猪舍内的饲料对老鼠有很大的吸引力。虽然老鼠不是非洲猪瘟病毒的潜在宿主，但非洲猪瘟病毒可以通过机械携带的方式通过它们进入猪舍。

每周对实体围墙、猪舍围墙的密闭性进行检查，遇到缝隙应用水泥、腻子粉、发泡胶等进行填补，生产区顶棚与生产区连接处使用发泡胶或尼龙网密封，投放机械式捕鼠笼。垃圾桶使用前套垃圾袋，使用后盖上盖子。餐厨剩余物要做到每天处理。垃圾坑安装防护网，坑内定期投放鼠药，防止老鼠觅食。料车离开后，应立即清扫料塔周边残余饲料，装入密闭垃圾桶。定期查看场内有无老鼠痕迹，舍内检查有无鼠粪，各建筑物、设备等有无老鼠啃咬痕迹。

八、降低饲料带毒风险

饲料原料的种植、收获、运输，成品料的生产加工、储存和运输等环节，均可能被病毒污染。特别是在田间地头或公路进行自然晾晒的饲料原料极易受到污染。使用袋装饲料的猪场，可设立袋装饲料静置库，在 20～25 ℃环境中静置 14 d 后再转运到生产区饲喂；采用散装料仓的猪场，可增加静置料塔，静置 7～14 d 后再进入饲喂管道。

中国动物疫病预防控制中心

2022 年 11 月 3 日

附录八 秋冬季高致病性禽流感防控技术要点

当前，高致病性禽流感在全球范围内流行，一些国家高致病性禽流感疫情呈明显扩大态势，形势复杂。我国正处在秋冬高致病性禽流感高发季节，防控压力大。针对当前高致病性禽流感流行态势和防控难点，养殖场户应强化以下关键防控措施。

一是细巡查。增加巡查频率，了解家禽状况，及时发现问题，快速处理解决。查看料槽和料筒的饲料剩余情况，判断家禽是否有采食量减少等异常情况。查看饮水器，判断家禽饮水是否正常。查看家禽粪便是否正常，有无拉稀、绿便、血便等。查看家禽状态，是否有呼吸频率和呼吸姿势异常，是否出现精神沉郁、嗜睡，眼结膜发红、扭脖、原地转圈等异常状态。查看禽群是否有死亡异常增加，产蛋禽群是否出现产蛋率突然下降。发现家禽有异常情况的，要立即采取隔离措施，进行采样检测，根据诊断结果采取相应的防控措施。

二是严免疫。针对不同饲养周期家禽，制定科学合理的免疫程序，确保基础免疫完善、及时补免。要选择国家批准的疫苗厂生产的合格禽流感疫苗进行接种，确保免疫效果。疫苗应严格按说明书规定的方法保存和使用，注射时注意无菌操作，防止交叉感染。免疫后要进行抗体水平监测，根据抗体水平，及时补免，确保群体免疫合格。要关注周边疫情风险和候鸟迁徙状况，必要时进行全群加强免疫。

三是防野鸟。安装防鸟网或驱鸟设备，开放和半开放式在禽舍在周围安装，密闭式禽舍在通风口、门窗处安装，防止野禽与家禽接触。水禽养殖户避免到候鸟栖息地等开放水域放养，减少家养水禽接触候鸟及其分泌物、排泄物、羽毛的机会，降低疫情传播风险。放养家禽，通过围网等方式控制放养范围，有条件的可在围网上方加盖防鸟网，避免在野生禽类栖息地放养。

四是勤消毒。秋冬季节气温较低，消毒效果下降，要尽量选用高效消毒剂，保证消毒药浓度，对禽舍、人、车、物、环境等重点环节进行全面清洗消毒。带禽消毒选择在白天温度高时进行，选用刺激性较小、无气味的消毒剂，不同成分的消毒剂要轮流使用，消毒频率每 1～2 d 1 次为宜。

五是重保暖。秋冬季节，舍内外温差大，要保证禽舍的密闭性和保温性。禽舍墙壁间和屋顶间缝隙采取密封措施，可用塑料布或油毡纸在禽舍增设隔温层，拱棚高的可加吊保温层，有条件的可在舍内安装热风炉或暖气片。要注意垫料厚度，维持在 5～10 cm，做好潮湿和结块垫料的清理工作。

六是适通风。可根据气温上升、下降情况，逐渐增加和降低通风量。中午前后气温较高时段，进行适度通风，深夜至早晨太阳升起之前的寒冷阶段，以最小通风量为宜。秋季夜间和冬季温度较低时间段，可使用间歇式通风，保证禽舍的换气量和温度的稳定性。要循序渐进增加通风，防止风冷效应及湿度大幅下降使家禽受凉。

七是精饲养。保证饲料充足供给，营养全面均衡，注意蛋白质的适当比例，可适当增加含淀粉和糖类较多的高能量饲料。确保所用的饲料原料无霉变、无杂质。

八是强应急。入冬前，对禽舍进行全面检查与维修，填堵墙壁裂缝，更换门窗玻璃，预备好过冬使用的薄膜、草帘子。半开放式禽舍应及时拆除凉棚，安好支架、封装塑料薄膜。存在隐患的老旧禽舍，应增加支撑柱等加固修补，防止坍塌。遇有暴雪、大风等极端天气后，要及时检查禽舍、仓库等区域的顶部、墙面和地面等是否有渗漏、倒塌等情况。关注料塔和饲料库等，防止因漏雨雪或者建筑物损坏导致饲料霉变。全面排查水电等基础设施，要特别加强对电路的检修和排查，防漏电或着火。

九是严处置。发生高致病性禽流感疫情，要立即向所在地农业农村（畜牧兽医）部门或动物疫病预防控制机构报告，避免家禽及其产品、饲料及垫料、废弃物、运载工具、有关设施设备等移动。对所有病死禽、被扑杀禽及其产品，排泄物、被污染或可能被污染的饲料和垫料、污水等，进行无害化处理。对被污染或可能被污染的物品、交通工具、用具、禽舍、场地环境等进行彻底清洗消毒。

中国动物疫病预防控制中心
全国动物防疫专家委员会
2022 年 10 月 11 日

附录九　农业农村部关于印发《全国畜间人兽共患病防治规划(2022—2030年)》的通知

农业农村部文件

农牧发〔2022〕31号

农业农村部关于印发《全国畜间人兽共患病防治规划(2022—2030年)》的通知

各省、自治区、直辖市及计划单列市农业农村(农牧)、畜牧兽医厅(局、委),新疆生产建设兵团农业农村局,部有关直属事业单位:

为贯彻落实2022年中央一号文件要求,做好人兽共患病源头防控,保障畜牧业生产安全、公共卫生安全和国家生物安全,按照《中华人民共和国动物防疫法》等有关法律法规规定,我部制定了《全国畜间人兽共患病防治规划(2022—2030年)》。现印发你们,请结合本地实际,认真组织实施。

农业农村部

2022年9月14日

全国畜间人兽共患病防治规划(2022—2030年)

人兽共患病防治工作事关畜牧业高质量发展和人民群众身体健康,事关公共卫生安全和国家生物安全,是贯彻落实乡村振兴战略和健康中国战略的重要内容,是政府社会管理和公共服务的重要职责。为落实习近平总书记关于"人病兽防、关口前移"的重要指示精神,加强畜间人兽共患病防治工作,依据《中华人民共和国动物防疫法》《中华人民共和国传染病防治法》《中华人民共和国进出境动植物检疫法》《中华人民共和国生物安全法》等法律法规,编制本规划。

一、防治形势

(一)防治成效

近年来,国家出台一系列政策措施,推进畜间人兽共患病防治工作,取得显著成效。法律法规不断健全，修订动物防疫法，颁布生物安全法，实施国家中长期动物疫病防治规划，完善畜间人兽共患病防治配套规章、应急预案和技术标准规范。防治机制不断优化，落实地方政府属地管理、部门监管和生产经营者主体责任，健全强制免疫、监测流调、应急处置、区域化管理、联防联控等制度。防疫体系不断完善，推进动物防疫行政管理、监督执法和技术支撑体系建设，改善动物疫病监测、检疫监督等基础设施和装备条件。疫情形势总体稳定，高致病性禽流感等畜间人兽共患病得到有效控制，全国基本消灭了马鼻疽，日本血吸虫病、棘球蚴病（包虫病）、狂犬病等得到稳定控制，畜间流行率显著降低。

（二）困难挑战

我国畜禽饲养基数大，动物疫病种类多、分布广，部分疫病在局部地区出现反弹，防治形势依然复杂严峻。一是畜间人兽共患病种类多，病原复杂，流行范围广。高致病性禽流疫情随候鸟迁徙传播的风险持续存在，布鲁氏菌病（以下简称"布病"）疫情在一些地区居高不下，局部地区牛结核病和包虫病疫情形势依然严峻，炭疽病原感染及传播途径更趋复杂。二是基层动物防疫体系职能淡化、力量弱化、支持虚化等问题比较突出。一些地方对畜间人兽共患病防治重视不够，经费保障不足，设施设备陈旧老化，基层机构大量撤并，专业技术人员匮乏，动物防疫、检疫和监管工作存在短板漏洞。三是畜禽养殖总量大，规模化程度总体不高，生物安全水平较低。中小规模养殖场户占比高，生物安全防护意识和能力参差不齐，部分养殖场户对畜间人兽共患病危害认识不足，防疫主体责任落实不到位。活畜禽长途调运和市场交易频繁，传统的养殖、流通和消费方式在短期内难以根本改变，疫病发生和跨区域传播扩散风险持续存在。四是周边及主要贸易国家和地区动物疫情频发，多种外部风险因素相互交织，防治任务繁重艰巨。随着全球化进程加快，动物及动物产品跨境流动频繁，外来畜间人兽共患病传入风险不断加大。野生动物疫源疫病跨种传播感染人和畜禽的情况时有发生，气候环境和生态系统变化以及极端天气增多，进一步加大畜间人兽共患病发生、传播和扩散风险。

（三）面临机遇

习近平总书记在十九届中央政治局第三十三次集体学习时对畜间人兽共患病防治提出明确要求，强调要坚持人病兽防、关口前移，从源头前端阻断人兽共患病的传播途径。2022 年中央一号文件明确提出，要做好人兽共患病源头防控。随着经济社会发展和人民生活水平的提高，人民群众对畜牧业生产安全、动物产品质量安全和公共卫生安全的要求不断提升，为做好畜间人兽共患病防治奠定了良好社会基础。当前，我国正开启全面建设社会主义现代化国家新征程，全面实施乡村振兴战略和健康中国战略，推动构建"人类卫生健康共同体"，为兽医卫生事业全面融入国家公共卫生体系，推动畜间人兽共患病防治工作再上新台阶提供了重要战略机遇。国家颁布实施生物安全法，修订实施动物防疫法等法律法规，为加强畜间人兽共患病防治知识宣传教育、落实关键防治措施、实施科学精准防治和有效防控提供了有力法治保障。

二、总体思路

（一）指导思想

以习近平新时代中国特色社会主义思想为指导，深入贯彻落实党中央、国务院关于全面加强国家生物安全风险防控和治理体系建设的决策部署，坚持人民至上、生命至上，实行积极防御、系统治理，健全完善畜间人兽共患病防治体制机制，全面夯实基层基础，提升风险防范和综合防治能力，有计划地控制、净化和消灭若干种严重危害畜牧业生产和人民群众健康安全的畜间人兽共患病，维护畜牧业生产安全、公共卫生安全和国家生物安全。

（二）基本原则

1. 源头防治，突出重点。坚持人病兽防、关口前移，实行预防为主、预防与控制净化消灭相结合的方针，聚焦重点病种，织密筑牢防治畜间人兽共患病的第一道防线，从前端阻断传播路径，切实降低流行率，有效防范传播风险。

2. 政府主导，多方参与。严格落实地方各级人民政府属地管理、部门监管和生产经营者主体责任，采取监督指导和激励相结合的措施，调动从业者主动防疫的内生动力，鼓励和引导社会力量广泛参与，形成政府、部门、社会组织和生产经营者分工明确、各司其职的防治机制。

3. 因地制宜，因病施策。实行一病一策、分类指导，分病种、分区域、分阶段采取差异化防治策略，根据不同病种的流行规律、传播特点和防治现状，制定实施有针对性的防治措施，精准防治，逐步实现从场群、区域到整体的控制、净化和消灭目标。

4. 协调配合，统筹推进。有效整合现有畜间人兽共患病防治资源，理顺防治体制机制，明确各方事权，协调各方力量，强化联防联控和群防群控，形成防控合力。确定国家重点防治病种，突出重点区域、聚焦重点环节、落实重点措施，统筹推进各项防治工作。

（三）防治目标

到 2030 年，逐步形成有效保障畜牧业高质量发展和人民群众身体健康的畜间人兽共患病防治能力，动物防疫机构队伍、法律法规和基础设施更加完善，应急响应机制更加健全，快速感知和识别新发突发疫病能力不断提高，全社会协同防范能力和水平显著提升。重点防治病种得到有效控制，畜间布病、牛结核病、包虫病等病种流行率明显下降，高致病性禽流感稳定控制，炭疽疫情保持平稳，马鼻疽实现消灭，犬传人狂犬病逐步消除，日本血吸虫病实现消除。常规防治病种流行率稳定控制在较低水平。重点防范的外来疫病传入和扩散风险有效降低。

专栏 1　实施防治防范的主要畜间人兽共患病

病种分类	病种
重点防治（8 种）	高致病性禽流感、布病、牛结核病、狂犬病、炭疽、包虫病、日本血吸虫病、马鼻疽
常规防治（14 种）	弓形虫病、钩端螺旋体病、沙门氏菌病、日本脑炎（流行性乙型脑炎）、猪链球菌Ⅱ型感染、旋毛虫病、囊尾蚴病、李氏杆菌病、类鼻疽、片形吸虫病、鹦鹉热、Q 热、利什曼原虫病、华支睾吸虫病
外来防范（2 种）	牛海绵状脑病、尼帕病毒性脑炎

专栏 2　重点畜间人兽共患病防治目标

病种	到 2025 年	到 2030 年
高致病性禽流感	全国达到控制标准，部分区域达到免疫无疫标准。	全国维持控制标准，进一步扩大免疫无疫区域。
布病	50%以上的牛羊种畜场（站）和 25%以上的规模奶畜场达到净化或无疫标准。	75%以上的牛羊种畜场（站）和 50%以上的规模奶畜场达到净化或无疫标准。
日本血吸虫病（预期性）	有效控制和消除危害，全国达到传播阻断标准。	全国达到消除标准。
包虫病	98%以上的流行县家犬及家畜病原学监测个体阳性率控制在 5% 以下。	100%的流行县家犬及家畜病原学监测个体阳性率控制在 5%以下。
狂犬病	注册犬免疫密度达 90%以上，免疫犬 100%建立免疫档案。	注册犬免疫密度达 95%以上，免疫犬 100%建立免疫档案。
牛结核病	25%以上的规模奶牛养殖场达到净化或无疫标准。	50%以上的规模奶牛养殖场达到净化或无疫标准。
炭疽	重点地区应免家畜免疫密度达 90%以上，畜间疫情保持点状低发。	重点地区应免家畜免疫密度达 95%以上，畜间疫情保持点状低发。
马鼻疽	全国消灭。	维持全国消灭。

三、策略措施

对重点防治病种，国家制定防治技术规范、标准，根据防控需要制定应急实施方案，实行全国统防、部门联防，一病一策、精准治理，区域协同、有效防控。对境外流行、尚未传入的畜间人兽共患病，加强风险防范、监测预警和应急准备，加强口岸和边境防控，强化联防联控。

（一）高致病性禽流感

目前我国高致病性禽流感防控形势总体平稳，要继续落实免疫、监测、扑杀等综合防治措施。

重点防治措施。一是做好强制免疫。坚持预防为主，全面开展家禽强制免疫和抗体监测，确保家禽群体免疫保护水平。有条件的地区，可根据监测评估结果和防治实际探索建立免疫退出机制。二是加强监测预警。组织实施家禽和野禽监测计划，密切监视禽流感病毒流行动态、毒株变异、致病力变化情况。三是严格检疫监管和市场准入。严禁未经检疫、来源不明的家禽及产品入市销售，严格执行活禽市场防疫管理制度，加强疫病监测，发现禽流感病毒污染立即采取休市、消毒等应急处置措施。县级以上地方人民政府应当根据本地情况，依法决定在城市特定区域禁止活禽交易。倡导健康消费理念，加快推进“规模养殖、集中屠宰、冷链运输、冰鲜上市”的生产消费模式。四是推进区域化管理。鼓励、支持各地及养殖场户开展高致病性禽流感净化场、无疫小区和无疫区建设，不断提高家禽养殖场所生物安全水平。

（二）布病

目前我国布病防控形势严峻，对牛羊健康养殖和公共卫生安全构成较大威胁，要继续坚持免疫与净化相结合，严格落实各项综合防治措施，逐步降低畜间流行率。

重点防治措施。一是实施专项防控行动。实施畜间布病防控五年行动方案，强化条件保障，做好技术支持，加强督促指导，全面落实监测、免疫、扑杀、消毒、无害化处理、人员防护等关键措施。二是推进区域化管理。各地根据布病流行状况和畜牧业产业布局，以县为单位确定免疫区和非免疫区，免疫区严格规范开展布病强制免疫，非免疫区强化日常监测和剔除，加大对高风险畜群、地区和环节监测力度。积极推进布病净化场、无疫小区、无疫区建设，提升养殖环节生物安全水平。三是强化牛羊调运监管。严格落实牛羊产地检疫和落地报告制度，做好隔离观察。全面实施畜禽运输车辆和主体备案制度，加强活畜跨区域调运监管，严格指定通道管理。除布病净化场、无疫小区、无疫区，以及用于屠宰和种用乳用外，跨省调运活畜时，禁止布病易感动物从高风险区域向低风险区域调运。四是加强奶畜风险监测。支持奶畜养殖场户开展布病自检，探索建立生鲜乳布病等病原微生物风险监测评估制度。

专栏 3　布病防控五年行动

农业农村部印发《畜间布鲁氏菌病防控五年行动方案（2022—2026 年）》（农牧发〔2022〕13 号），按照源头防控突出重点、因地制宜综合施策、技术创新强化支撑、健全机制持续推进的基本原则，全面落实监测排查、强制免疫、消毒灭源、净化无疫、检疫监督、调运监管、疫情处置、宣传培训、效果评估等 9 项重点任务，强化组织指导、经费保障、技术支持、措施联动、进展反馈等 5 项保障措施。力争通过 5 年时间，有效降低畜间布病总体流行率，提升牛羊群体健康水平，建成一批高水平的牛羊布病净化场和无疫小区。

（三）牛结核病

我国牛结核病在奶牛群体中仍有一定程度流行，防控形势不容乐观，要坚持预防为主，严格落实监测净化、检疫监管、无害化处理等综合防治措施。

重点防治措施。一是加强监测。加大养殖场、屠宰场和交易市场监测力度，及时准确掌握病原分布和疫情动态，科学评估风险，逐步建立完善奶牛个体档案和可追溯标识，对感染牛及时追踪溯源，并对溯源牛群进行持续监测。二是加快推进净化工作。制定净化实施方案，分区域、分步骤统筹推进牛结核病净化工作。对养殖场户实行分类指导、一场一策、逐步净化，有计划地开展防治工作。三是加强生物安全管理。指导养殖场户加强生物安全防控，落实日常消毒措施，提高生物安全水平，及时扑杀牛结核病感染牛，并进行无害化处理。四是加强奶牛群体风险监测。支持奶牛养殖场户开展牛结核病自检，探索建立生鲜乳牛结核病等病原微生物风险监测评估制度。

（四）狂犬病

狂犬病是我国法定报告传染病中病死率最高的人兽共患病，要强化免疫、监测流调、疫情处置等关键防治措施落实。**重点防治措施。**一是严格实施犬只免疫。指导犬只饲养单位和个人要切实履行法定义务，定期为犬只接种狂犬病疫苗，确保构筑有效免疫屏障。各地可根据狂犬病流行情况、监测评估结果和当地实际，将犬只狂犬病纳入地方动物疫病强制免疫病种。推进狂犬病免疫接种点建设，规范动物诊疗机构接种管理，对免疫犬只建立免疫档案。二是开展监测流调。对出现异常攻击行为或发生不明原因死亡的疑似患病动物及时开展病原学监测，发现确诊病例及时开展疫情溯源和流行病学调查。三是做好应急处置。发生疑似动物狂犬病疫情，及时划定高风险场所或区域，落实传染源调查、高风险区犬只紧急免疫等应急处置措施，严格按规定对染疫动物进行无害化处理。四是加强流浪犬和农村犬只防疫管理。按照动物防疫法规定，指导乡镇人民政府、街道办事处、村(居)民委员会做好本辖区流浪犬的控制和处置，防止疫病传播；县级人民政府和乡级人民政府、街道办事处要结合本地实际做好农村地区饲养犬只的防疫管理工作。

(五)炭疽

目前我国炭疽疫情总体呈点状发生态势，有明显的季节性、区域性，以老疫点和疫源地为高发地区，要强化监测排查、应急处置、针对性免疫、检疫监管等综合防治措施。

重点防治措施。一是做好监测报告。加强高发季节高风险地区监测预警，及早发现和报告疫情。二是严格规范处置疫情。按照“早、快、严、小”原则做好疫情处置，对病畜进行无血扑杀和无害化处理，掩埋点设立永久性警示标志，疫源地周边禁止放牧。三是做好针对性免疫。根据疫情动态和风险评估结果制定重点地区免疫计划，适时开展家畜免疫。四是加强动物卫生监管。严格检疫和调运监管，严厉打击收购、加工、贩运、销售病死动物及其产品等违法违规行为，对死亡动物严格执行“四不准一处理”(不准宰杀、不准食用、不准出售、不准转运，对死亡动物进行无害化处理)措施。加强日常监管，重点地区要加强病死草食动物无害化处理专项整治，根据防控需要配备可移动大动物尸体焚化设备。

(六)包虫病

目前我国包虫病疫情总体比较平稳，四川、西藏、青海等地区疫情相对较重，要实施以控制传染源为主、中间宿主防控与病人查治相结合的综合防治策略。

重点防治措施。一是做好家犬驱虫。包虫病流行区强化家犬登记管理，按户建立家犬驱虫登记卡。全面实行家犬拴养，因地制宜实施限养。根据当地实际定期开展犬驱虫。做好犬粪深埋、焚烧等无害化处理工作。二是加强流浪犬管控。乡镇人民政府、街道办事处、村(居)民委员会要采取措施控制并减少流浪犬数量，在流浪犬聚集场所或经常出没区域定期投放驱虫药饵，并集中收集犬粪进行无害化处理。三是加强综合防疫管理。做好家畜免疫，每年对新生羔羊和新补栏羊进行免疫接种，有条件的地区可对牦牛等进行免疫接种。做好易感动物监测，对牛、羊及家犬做好病原学监测，对免疫动物开展抗体监测。强化家畜屠宰管理，规范开展屠宰检疫，做好病变内脏的无害化处理，不得随意丢弃家畜脏器。四是加强流行区宣传教育。对牧民和养殖、屠宰、交易等环节从业者做好防治知识宣传，引导养成良好卫生习惯，不随意丢弃家畜内脏，不用生鲜内脏喂犬，对病变内脏进行无害化处理。

(七)日本血吸虫病

日本血吸虫病是严重危害人体健康的重大畜间人兽共患病，要坚持以控制传染源为主的综合防治策略，实施人畜同步查治。

重点防治措施。一是开展家畜疫情监测。开展家畜血吸虫病疫情监测，每年按照国家动物疫病监测与流行病学调查计划进行家畜查治，控制家畜感染，实行网络化和信息化管理，掌握疫情动态。二是加强家畜传染源管理。大力推进农业耕作机械化，逐步淘汰耕牛或以机耕代牛耕，在暂未淘汰耕牛的流行区逐步推行家畜集中圈养。鼓励有条件的流行区发展替代养殖业，减少易感动物饲养量。加强家畜粪便管理，在血吸虫病疫区实施沼气池建设，对人、畜粪便进行无害化处理，通过发酵等方式杀灭虫卵，减少直接排放污染环境，有效切断传播途径。做好流行区易感家畜的检疫工作。三是实施农业灭螺工程。结合农业种植结构调整，对符合条件的水田实施水改旱或者水旱轮作。在有钉螺分布的低洼沼泽地带（非基本农田）开挖池塘、实施标准化池塘改造，发展优质水产养殖业，实行蓄水灭螺。

（八）其他畜间人兽共患病

针对畜间人兽共患病传播流行的三个环节（传染源、传播途径、易感动物），实施综合防治措施，积极开展病媒生物防制和消杀，加强饲养管理，不断提高养殖场所生物安全水平。

重点防治措施。对马鼻疽，继续实施消灭计划，严格落实监测、扑杀、无害化处理、移动控制等关键措施。对日本脑炎（流行性乙型脑炎）、猪链球菌Ⅱ型感染和鹦鹉热，在流行区域对猪、马、牛、羊等易感家畜进行疫苗接种。对旋毛虫病、囊尾蚴病，以屠宰场为重点，严格宰后检疫检验，做好污染肉品的无害化处理。对其他常规防治病种，加强饲养管理、环境消毒、无害化处理、药物治疗、疫病净化，加强人员防护和个人卫生。对牛海绵状脑病、尼帕病毒性脑炎等外来病种，加强国际疫情监视，做好传入风险分析和预警；加强联防联控，健全跨部门协作机制，强化入境检疫和边境监管措施，提高人兽共患病发现识别和防控能力；在边境、口岸等高风险区域开展应急演练，提高应急处置能力。

四、重点任务

（一）完善防治措施

深入推进畜间人兽共患病强制免疫先打后补改革，完善以养殖场户为责任主体，以企业执业兽医、乡村兽医、村级防疫员和特聘防疫专员等社会化服务队伍为技术依托的强制免疫网络。严格落实疫情报告制度，明确疫情报告责任和标准，健全疫情报告体系。完善畜间人兽共患病应急预案和应急响应机制，加强应急物资和能力储备。加强牛羊屠宰管理，有序推进牛羊集中或定点屠宰，健全入场动物查证验物、待宰采样检测和检验检疫制度，建立牛羊屠宰场基础信息系统，强化与动物检疫电子出证系统对接，实现牛羊从产地到屠宰的全程闭环监管。有条件的省份，省级农业农村主管部门在严格确保生物安全的前提下，可探索开展布病、包虫病、牛结核病监测阳性动物集中无害化处理和资源化利用试点。

（二）抓好监测净化

完善监测预警体系，健全以国家兽医实验室和省市县三级动物疫病预防控制机构为主体的畜间人兽共患病监测预警网络。加强专项监测，有针对性地开展常规监测、净化监测和无疫监测，做到及时发现、快速感知、准确识别。加强宠物疫病、野生动物疫源疫病、外来动物疫病监测预警。强化同卫生健康、海关、林草等部门沟通协调和资源共享，及时相互通报监测信息。强化畜间人兽共患病净化工作，推进防治工作从有效控制向净化消灭转变。建立完善相关奖补政策和激励机制，加快推进畜间人兽共患病净化场、无疫小区和无疫区的建设，建成一批高水平畜间人兽共患病净化场和无疫小区。通过示范带动、典型引领，不断提升养殖环节生物安全水平。

专栏4 畜间人兽共患病净化

农业农村部印发《农业农村部关于推进动物疫病净化工作的意见》(农牧发〔2021〕29号),按照企业主体政府支持、因地制宜分类施策、点面结合整体推进的基本原则,通过明确净化范围、集成净化技术、完善净化模式、做好净化指导、开展净化评估等措施,以种畜场、奶畜场和规模养殖场为对象,稳步推进布病、牛结核病等畜间人兽共患病净化;以种畜禽场和规模养殖场为切入点,探索开展高致病性禽流感等重大动物疫病净化。

(三)强化科技支撑

积极支持有条件的单位开展畜间人兽共患病防治相关技术研究和推广,实施新发畜间人兽共患病应急科研攻关储备项目。建设国家人畜共患传染病防控技术研究中心、国家动物疫病防控技术集成创新中心和区域动物疫病防控技术集成基地,组织开展多部门、跨学科联合攻关,加强动物疫病预防控制机构、科研院所和企业科研资源集成融合,构建基础性、前沿性、实用性技术研究、集成创新和示范推广平台,增强防治技术原始创新、集成推广和引进吸收转化能力,解决制约防治工作的关键技术问题。加强畜间人兽共患病检测试剂、标准样品、仪器设备、治疗药物、中医药技术等方面的研发推广,加快推进新型疫苗和快速诊断与鉴别诊断技术产品的引进、研发、注册和应用,完善相关畜间人兽共患病诊断检测标准,健全畜间人兽共患病菌毒种库、疫苗和诊断制品标准物质库。

(四)推进智慧防治

实施智慧防疫能力提升行动,全面提升畜间人兽共患病系统治理能力。运用互联网、大数据、人工智能、区块链等现代信息技术,织牢织密监测预警网络。建立以动物移动监管为核心的全链条智慧监管体系,建成覆盖养殖场户、屠宰企业、指定通道、无害化处理场、交易市场的智能监控信息系统,开展动物养殖、运输、交易、屠宰、无害化处理等全链条精细化监管,实现养殖档案电子化、检疫证明无纸化、运输监管闭环化。将信息系统配备及与政府监管系统对接情况,纳入养殖场、屠宰场等标准化示范创建,以及动物疫病净化场、无疫小区和无疫区建设评估验收内容,不断提高智慧监管能力水平。

专栏5 全国智慧防疫能力提升行动

以规模养殖场和畜禽屠宰场点为关键控制节点,以直联直报系统、牧运通APP及省级畜牧兽医信息平台等为支撑,建立健全养殖、运输、屠宰全链条防疫、检疫监管智慧信息系统。逐步建设覆盖全国所有规模养殖场和畜禽屠宰场的视频监控系统,对规模养殖场实施电子养殖档案管理,逐步实现养殖档案电子化、屠宰管理标准化、检疫证明无纸化。

(五)加强宣传教育

制定畜间人兽共患病防控培训计划,对动物养殖、屠宰加工、动物疫病防控等高风险从业人员,加强畜间人兽共患病防治技术培训,分类编制畜间人兽共患病防治指南,定期组织开展专项健康教育。监督相关单位建立健全人员防护制度,采取有效的卫生防护、医疗保健措施,定期组织工作人员开展健康检查。利用多种方式和重要节点，开展形式多样的主题宣传活动，广泛宣传畜间人兽共患病防治政策和知识，倡导健康饮食和良好生活习惯，提高社会公众防范意识。

（六）完善服务体系

着力培育多元兽医社会化服务组织，完善以执业兽医、乡村兽医为主体，其他兽医从业人员和社会力量为补充的兽医社会化服务体系。鼓励社会化服务体系为生产经营主体提供疫病检测、诊断和治疗等防治服务。积极推进将强制免疫、采样监测、协助检疫等兽医公益服务事项交由社会化服务体系承担。建立完善兽医社会化服务相关制度和标准，强化监督管理，加快构建政府主导的公益性兽医社会化服务与市场主导的经营性兽医社会化服务深度融合的长效机制。

（七）夯实基层基础

加强基层动物防疫体系建设，开展基层动物防疫体系运行效能评估，重点强化市县级动物疫病预防控制机构和动物卫生监督机构，明确机构设置和职能定位，充实畜间人兽共患病防控力量，足额配齐配强乡镇专业人员，实行定责定岗定人，完善工作机制，提升专业能力。各级农业农村部门要加强统筹协调和工作调度，指导动物疫病预防控制机构、动物卫生监督机构、农业综合行政执法机构加强协调配合，共同做好畜间人兽共患病防治工作。协调建立分级投入、分级管理机制，推动地方财政加大兽医实验室投入，加强对不同生物安全级别的实验室的建设和管理。

五、组织保障

（一）强化责任落实

省级农业农村部门要报请省级人民政府，成立畜间人兽共患病防治工作领导小组，加强组织协调和统筹调度，分解目标任务，明确各方责任。结合本地畜间人兽共患病流行情况和经济社会发展状况，制定实施本行政区域的畜间人兽共患病防治规划。全面落实政府属地管理责任、部门监管责任和生产经营者主体责任，确保畜间人兽共患病防治规划各项目标任务和措施落到实处。

（二）强化条件保障

省级农业农村部门要统筹使用中央财政动物防疫补助等经费项目，协调加大省级财政支持力度，全面推进免疫、监测、流调、扑杀、净化、评估、检疫监督、无害化处理、应急处置、人员防护等畜间人兽共患病防治工作。县级以上地方人民政府要采取措施稳定畜间人兽共患病防控队伍，将畜间人兽共患病防治经费纳入本级财政预算，保障公益性事业经费支出，落实畜牧兽医医疗卫生津贴等相关待遇，确保畜间人兽共患病防治责有人负、活有人干、事有人管。

专栏6　重点支持政策项目

1. 强制免疫补助：主要用于开展动物疫病强制免疫、免疫效果监测评价、疫病监测和净化、人员防护等相关防控措施，以及实施强制免疫计划、购买防疫服务等方面。对符合条件的养殖场户实行强制免疫“先打后补”，在2025年年底前逐步全面停止政府招标采购强制免疫疫苗；对暂不符合条件的养殖场户，继续实行省级集中招标采购强制免疫疫苗。

2. 强制扑杀和销毁补助：主要用于预防、控制和扑灭动物疫病过程中，被强制扑杀动物的补助和农业农村部门组织实施销毁的动物产品和相关物品的补助等方面。补助对象为被依法强制扑杀动物的所有者、被依法销毁动物产品及相关物品的所有者。

3. 养殖环节无害化处理补助：主要用于养殖环节病死猪无害化处理等方面。按照“谁处理，补给谁”的原则，补助对象为承担无害化处理任务的实施者。

4. 陆生动物疫病病原学监测区域中心建设：在畜禽养殖密集、动物疫病流行状况复杂、防控任务重的地区，依托地市级动物疫病预防控制机构，更新改造升级病原学监测实验室，提升病原学监测能力，及时准确掌握相关病种的流行态势和病原分布状况，提升监测调查和预警分析能力。

5. 边境动物疫情监测站建设：为加强边境动物及陆生野生动物的疫病监测预警和风险防范能力，在外来病传入高风险区的内陆边境县建设边境动物疫情监测站，承担边境地区优先防治病种以及重点防范外来病的监测、流行病学调查、巡查监视和信息直报任务。

6. 动物防疫指定通道建设：对经省级人民政府批准设立的动物防疫指定通道相关设施设备进行更新或改造，配备监督执法和信息化装备设施，提升查证验物能力，堵截染疫动物，控制流通环节动物疫病传播扩散风险。

7. 牧区动物防疫专用设施建设：在牧区县和半牧区县建设牧区动物防疫指定通道相关设施，解决牧区防疫工作中由于放牧大动物数量多导致的家畜不易保定、免疫监测工作难开展等问题，确保免疫、监测、诊断等防控工作有效开展，提高动物防疫工作质量和效果。

（三）强化机制创新

理顺畜间人兽共患病防治工作机制，健全行政管理、技术支撑和监督执法体系，明确各类工作机构职能定位，加强协调配合，增强防治合力。完善农业农村、卫生健康、海关、林草等部门参与的畜间人兽共患病防治协作机制，建立情况通报、联合会商、分析研判、风险评估等工作制度，加强信息沟通和措施联动。探索利用大数据信息、人工智能技术确定重点人群和对象，精准推送畜间人兽共患病防治信息，及时发布疫病监测情况和风险提示，增强相关从业者和社会公众的防疫意识和能力。

（四）强化督促指导

省级农业农村部门要会同有关部门，依据本规划制定畜间人兽共患病防治任务清单和监测指标，组织开展督促指导和跟踪评价。对在动物防疫工作、相关科学研究、动物疫情扑灭中做出贡献的单位和个人，各级人民政府和有关部门按照国家有关规定给予表彰、奖励。要将职务职级晋升和职称评定、表彰奖励向业绩突出、考核优秀的基层动物防疫人员倾斜。农业农村部将组织对规划实施情况开展阶段性评估指导，结合春防秋防检查，定期调度和通报有关情况，并将结果与动物防疫补助等经费项目费分配挂钩。

抄送：国家卫生健康委、海关总署、国家林草局，各省、自治区、直辖市及计划单列市人民政府。

农业农村部办公厅　　　　2022年9月15日印发
